図解入門
How-nual
Visual Guide Book

最新 戦車がよ～くわかる本

Combat vehicle

戦車砲や装甲の構造から部隊の運用まで

あかぎ ひろゆき 著
かの よしのり 監修

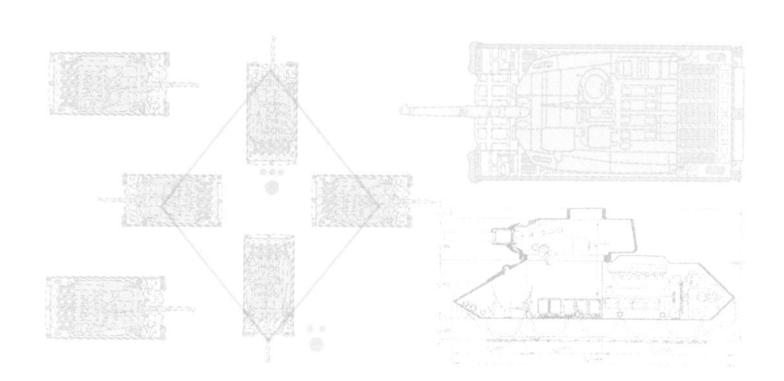

秀和システム

はじめに

本書は、主として初心者の軍事マニアや一般向けの「戦車入門」だ。2022年2月24日、ロシアはウクライナに全面侵攻し、本書執筆中の現在もなお戦闘が続いている。この"2022年ロシアによるウクライナ侵攻"だが、本書はあくまでも「図解入門」シリーズのタイトルであるので、ウクライナにおける戦車運用の現状などを引用し、"戦車とはなにか"についてわかりやすく記述するにつとめた。

また「図解入門」であるから、戦車の構造機能などのメカニズムについても、豊富な図版と写真を用いることで、読者の理解を容易にしたつもりだ。初心者や一般の読者諸氏には難解な専門用語も、本文中に「豆知識」として解説を載せてある。

さらに「コラム」を設け、「紅茶好きな英軍戦車兵の話」や「戦車内におけるトイレ事情」など、戦闘以外の事象にも言及した。戦車についてある程度の知識をおもちの読者諸氏でも、知識の整理や復習に本書を活用できるだろう。

ウクライナ軍国章パッチ(上)とウクライナ軍第1独立戦車旅団パッチ(下)

とはいえ本書は、ウクライナの戦場に散った兵士と各国の義勇兵、そして戦闘の巻き添えで犠牲となった民間人や動物などに思いをはせながら読み進めていただけたらと思う。

2023年7月　著者記す

最新 戦車がよ～くわかる本

CONTENTS

第3章 戦車の火力

第4章 戦車の防護力

第5章 戦車の機動力

第6章 戦車の指揮通信力

第7章 戦車の運用・戦術

第8章　戦車の兵站

第1章

戦車とはなにか

なぜ戦車は「タンク」と呼ばれるのか？　そもそも、戦車とはどのような軍用車両なのだろうか？　本章では、戦車の定義や分類方法、タンクという呼称の由来などについて解説する。

陸上自衛隊の90式戦車。数のうえで、現在の主力である（写真：陸上自衛隊）

1-1

戦車とはなにか

そもそも、戦車とはなんだろう？　子供に戦車の絵を描かせると、たいていは**図1-1**のようになる。戦車特有の特徴ある形状を子供なりに認識しているようだ。

しかし、**「自走榴弾砲（写真1-1）」や「装甲歩兵戦闘車（写真1-2）」は、形状が戦車に似ているが、まったくの別物**だ。自走榴弾砲は、馬やトラックで牽引していた火砲をエンジンつきの車体に載せたものだし、装甲歩兵戦闘車は歩兵の移動手段であり、自衛以外の対戦車戦闘はしない。

では、外観以外の要素について、国際的には戦車をどのように定義しているのか？　たとえば、英国の国際戦略研究所が毎年刊行している『The（ザ） Military（ミリタリー） Balance（バランス）』によると「戦車は、空車重量が16.5t以上で、口径75mm以上の旋回砲を装備する装軌式装甲戦闘車両」と定義されている。「欧州通常戦力削減条約（CFE）」と呼ばれる国際条約では、これに加え「今後就役する装輪（そうりん）式装甲戦闘車両で、右のほかのすべての基準を満たすものも、戦車と見なされる」という。

したがって、かつてスウェーデンが装備していた「Strv103戦車（通称、Sタンク）」は、砲身が車体に固定されていて旋回式砲塔をもたないから、厳密に言えば「戦車ではない」ということになってしまう（**写真1-3**）。

また、陸上自衛隊の「16式機動戦闘車」は子供に「タイヤ戦車」と呼ばれたりするが（**写真1-4**）、前述したCFEの条文からすれば、戦車と見なされる。

戦車の戦車たる所以は、敵の防御陣地を「突破」することにある。これに必要な力を「衝撃力」と呼ぶ。**戦車には、①火力・②防護力・③機動力が求められるが、この3つの要素が遺憾なく発揮されることで「衝撃力」が生まれ、初めて敵の防御陣地を「突破」できる。**第一次世界大戦で発達した機関銃と鉄条網が、騎兵による突破を不可能にし、鉄の騎兵たる戦車が生まれたのだ。

戦車豆知識

曳光弾（えいこうだん）

弾頭底部にある曳光剤が射撃時に発光して、弾道の軌跡がわかる銃砲弾のタマ。

図1-1　幼稚園児が描いた戦車の絵

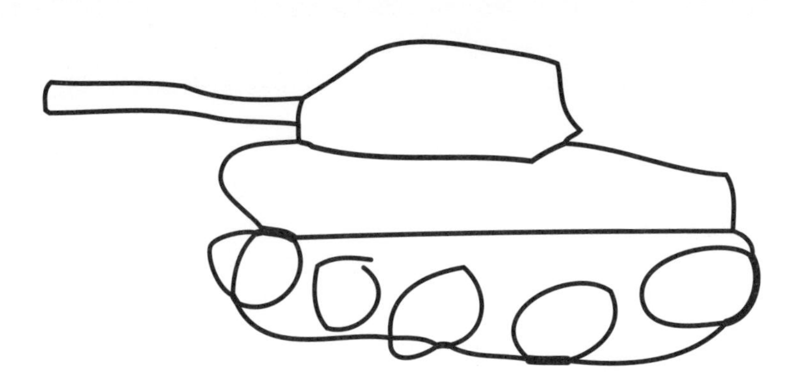

砲塔および砲身と、履帯（キャタピラ）の形状を認識していることがわかる

写真1-1　陸自の99式155mm自走榴弾砲
（写真：あかぎひろゆき）

写真1-2　陸自の89式装甲戦闘車
（写真：あかぎひろゆき）

写真1-3　スウェーデン軍のStrv.103戦車
（写真：スウェーデン国防省）

写真1-4　装輪戦車と俗称される「16式機動戦闘車」
（写真：陸上自衛隊）

1-2
戦車に求められるもの

前項で述べたように、戦車に求められる要素は、①**火力**・②**防護力**・③**機動力**である。この3つの要素が遺憾なく発揮されることで「衝撃力」が生まれ、初めて敵の防御陣地を「突破」できる。

戦車は文字どおり「戦う車」なのだから、火力（Fire　Power）すなわち銃砲を装備していなければならない。火力とは、狭義には「陸戦で用いる火砲など武器の威力、および武器を装備する部隊の戦闘力」と思えばよい。

戦車は、**敵戦車を撃破可能な火砲を装備し、直接照準射撃を行う**（図1-2）。**このために、密閉された回転式砲塔をもち、全周射撃が可能となっている**。初期の戦車は武装も貧弱で、敵戦車との戦闘は想定していなかった。しかし、敵戦車を撃破するもっとも有効な武器は戦車だ、と経験的に認識されるに至り、戦車は敵戦車を撃破できる火力が要求されるようになった。

次に**防護力だが、これは敵の銃砲弾・ミサイル・地雷などに抗堪**（こうたん）**（＝耐えること）可能な全周防護装甲をもっているか否か**に左右される。戦車の装甲は、各種戦闘車両のなかでもっとも強靭だ。

そして**「機動力」とは、簡単に言えばキャタピラ（自衛隊では日本語で「履帯**（りたい）**」と呼ぶ）による不整地走行能力を有すること**だ。砲弾により、敵陣地の地面は月のクレーター状になった破孔が生じており、そこを通過するには履帯でなくてはならなかった。

しかも、ただ通過するだけでなく、速度も重要である。戦術的な意味で突破が成功するには、敵の防御線に穴をあけるだけではダメだ。敵の背後へ回り込めなくてはならない。そこで、戦車に時速十数kmの速度が要求されるようになり、戦車は「鉄の騎兵」へと進化していったのだ。

戦車豆知識

オブイェークト

ロシア語で、英語のObject（オブジェクト）と同意語。ソ連の戦闘車両や艦艇、軍用機などを試作する際の計画名称。

図 1-2 直接照準射撃と関接照準射撃の違い

直接照準射撃

砲手(射手)から直接視認できる、見通し線上に存在する目標に対する射撃

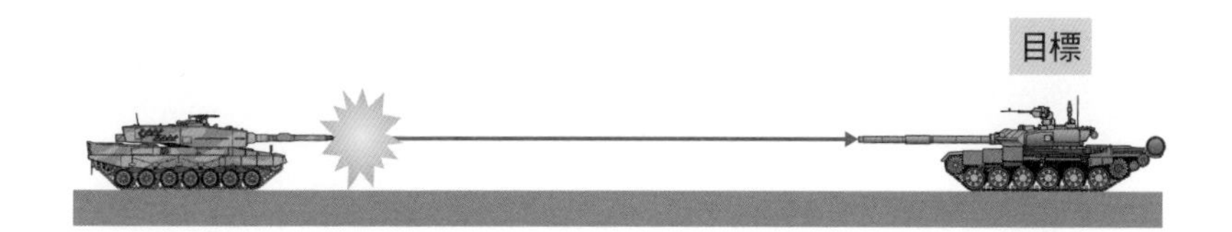

間接照準射撃

砲手(射手)から直接視認できず、遠距離に存在する目標に対しての射撃

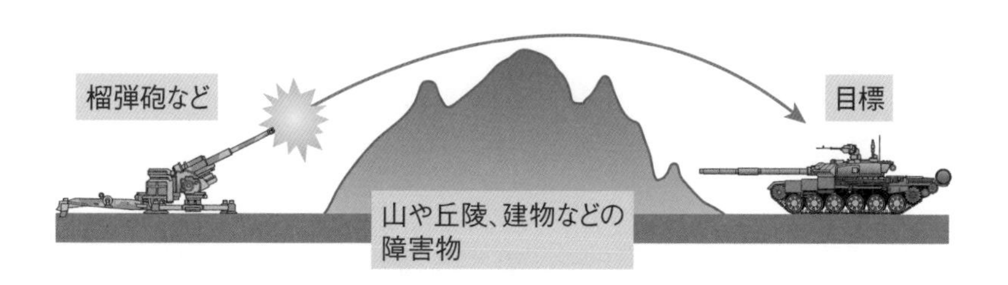

1-3

戦車という呼称 〜国により、言語によりさまざま〜

大正7年（1918年）に英国から輸入した日本初の戦車は、当初「**Tank（タンク）**」と呼ばれていた。この呼称は、世界初の戦車を開発した英国によるものだ。

当初、**戦闘車両であることを秘密にするため**英国では飲料水運搬車（Water Carrier）という名称が考えられた。だが、これはWater　Carrierの略語はW.C.であり、「WaterCloset＝トイレ」の略号でもある。英国では、兵器開発に際して委員会を設けて審議するが、この名称に案件の略号を冠する慣習があった。

このため、名称がW.C.委員会ではマズいだろう、ということでT.S.委員会とした。これは**「Water - Tank　Supply＝水槽補給」の語句から頭文字のTとSだけ取ったもの**である。**その後、戦場デビューを果たした戦車は、Tankと呼ばれる**ようになった。

戦車を英語で「タンク」と呼び、ロシア語やヘブライ語でも「タンク」と言う（**写真1-5**）。また、中国語での呼び方は「坦克（タンクー）」で、日本では戦車と書くが、中国語の簡体字では「**战车**（センチョー）」と書く。これは、春秋時代に多く用いられた、馬で曳く古代戦車の意味だ。転じて、現代の中国人民解放軍では、装甲兵員輸送車などの戦闘車両を指す。一方で、中華民国（台湾）では「戰車」と書き、センチョーと呼ぶ（**写真1-6**）。

そして、韓国語なら「전차（チョンチャ）」だし、ドイツ語なら「Panzer（パンツァー）」である（**写真1-7**）。このように、日本でも当初こそ「タンク」と呼んでいた。だが、陸軍の奥村大尉が**「戦う車」なので戦車と呼ぶ**のはどうか、と提案したのである。これが正式な呼称となり、戦車と呼ばれるようになったのだ。

戦車豆知識

火器（かき）

火薬を使用する銃砲類のこと。英語ではFire　Arms（ファイアー・アームズ）と呼ぶ。日本の武器等製造法では、口径20mm以上が「砲」、それ以下を「銃」と定義している。

写真1-5　訓練中のイスラエル軍メルカバMk4戦車。メルカバはヘブライ語で「מרכבה」と書き、古代戦車を意味する
(写真：イスラエル国防軍)

写真1-6　中華民國（台湾）軍のCM11戦車。中国語の繁体字では、戦前の日本で用いた旧字体の漢字で「戰車」と書く。中国と異なり、「タンクー」ではなく「センチョー」と呼ぶ

写真1-7　ドイツ連邦軍の主力戦車レオパルト2A7。ドイツ語で戦車を「Panzer（パンツァー）」と呼ぶが、もともとの意味は中世の甲冑に由来する「装甲（英語だとアーマー）」だ

1-4

戦車の形式番号・名称 ～人名や動物名など、愛称をつけることも～

戦車は「戦闘車両」の1種であるが、装甲が施されているので、これを総称して「装甲戦闘車両（英語でArmourd(アーマード) Fighting(ファイティング) Vehicle(ヴィークル)＝AFV）」と呼ぶ。ドイツ語ではPanzer(パンツァー) Kampf(カンプ) Wagen(ワーゲン)だが、戦車はたんに「**Panzer**」という。

新規開発された戦車には、試作車が完成する前から、製造会社の「形式番号」や「仮の名称など」がつく。それは、戦車の車体に取りつけられた「銘板(めいばん)」からもわかる（**写真1-8～1-10**）。その後、**戦車の開発が完了して軍隊に採用されると、今度は軍隊の制式名称および形式番号などが付与される**。それは時代により、または国によりさまざまだ。

たとえば、英国が装備していた第二次世界大戦時の戦車であれば、任務・用途を表す「巡航戦車」や「歩兵戦車」のあとに、英数字で「Mk（マーク）.Ⅰ（ワン）」とか「Mk（マーク）.Ⅱ（ツー）」などと続ける。さらに、この後ろに「クルセイダー（十字軍兵士の意）」だの「チャーチル（人名、当時の首相の先祖）」といった愛称をつける。

米軍なら「M1」、「M2」,「M3」…のように、開発順に英数字で表し（Mは、モデルの意）、その後ろに愛称をつける。旧ソ連およびロシア連邦なら「T-72」などのように表すし、戦後の日本は「90式」のように西暦年で表す。

一方、独ラインメタル社の試作戦車「KF51パンター（後述）」の場合、KFはKetten（直訳で鎖、これが転じて履帯の意）Fahrzeugen（車両）の略だ。履帯をもつ車両なので、日本語で「装軌式車両51」となろう。第二次大戦時のドイツ軍「V号戦車」もそうであったが、パンターは豹を意味する愛称である。

こうした**動物名や人名を愛称に採用**するだけでなく、**図案化したマークを戦車の砲塔や車体に描く**ことがある（**写真1-11**）。これは、**部隊同士での識別や士気高揚を目的**としたものだ。

写真1-8　英国ヴィッカース・アームストロング社製6トン戦車の銘板。1938年の製造で、フィンランドのパロラ戦車博物館に展示されている貴重な現存車両のもの

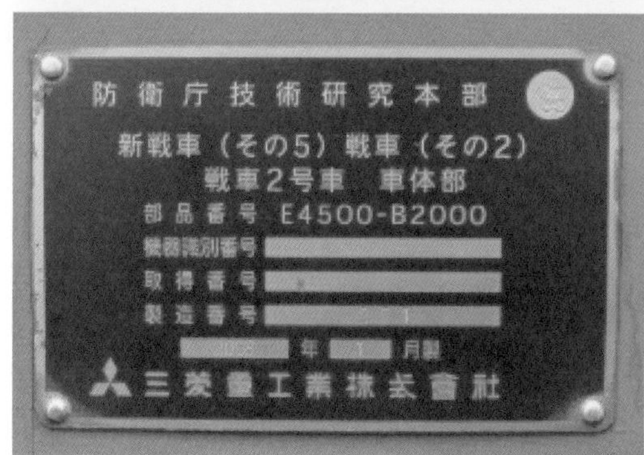

写真1-9　10式戦車の試作2号車についている銘板。1両につき、2枚の銘版がつく。戦車は、砲塔部と車体部の2つからなるが、こちらは車体部の銘板

写真1-10　10式戦車（試作2号車）の銘板。制式化される前なので、名称は「新戦車」である。こちらは車両全体としての銘板

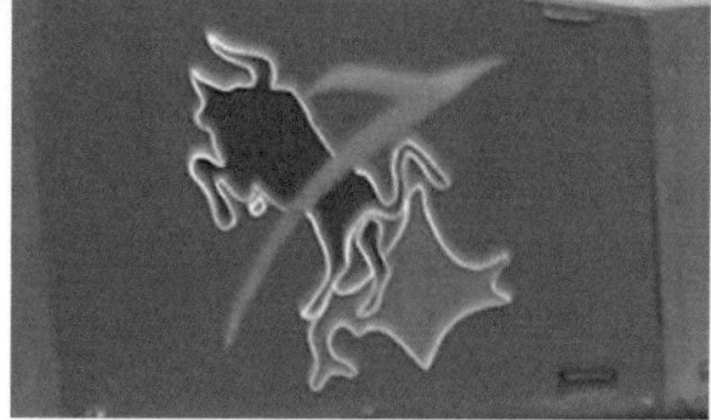

写真1-11　第二次世界大戦時のドイツ第502重戦車大隊シンボルマーク（マンモス、左）と、90式戦車の砲塔に描かれた第71戦車連隊の部隊マーク（右）

1-5

戦車の分類
ー大きさと重量による分類ー

戦車の類別・区分する方法としては、「大きさ（寸法）・重量」による分類、「任務・用途」による分類、「世代」による分類が挙げられる。「大きさと重量による分類」だが、戦車には豆戦車・軽戦車・中戦車・重戦車の４種類がある。現代では軽戦車を除き、主力戦車に概ね統一されている。だが、第二次世界大戦後の1950年代までは、寸法や重量で戦車を区分していた。

「豆戦車」は、文字どおり「豆のように小さな戦車」のことを差す。**全長はせいぜい3m、重量も３～4t程度**と小型軽量であるがゆえ、機関銃程度の火力と、小銃弾や砲弾片に耐えられる程度の装甲しかない。反面、すべてがそうではないが、比較的速度が高い（**写真1-12**）。

「軽戦車」は、豆戦車よりもやや大きい戦車であり、次に述べる中戦車よりも軽量だ。重量は車種や時代により異なるが**10トン前後、第二次世界大戦後なら20トン以下**、と思えばよい。小型軽量ゆえに快速で、**機関銃や小口径の火砲（機関砲など）を搭載**し、小銃弾や砲弾片に耐えられる程度の装甲をもつ。**乗員は２～３名**が一般的だ（**写真1-13**）。

「中戦車」は、**中程度の大きさ（15～40トン程度）・中程度の火力（37～90mm砲を搭載）・中程度の防護力（最大装甲厚30～100mm程度）・中程度の機動力（時速40km前後）**といったように、軽戦車と重戦車の中間的な寸法および重量である。乗員は３～５名で、性能も中間的な戦車と思えばよい（**写真1-14**）。

「重戦車」は、速度こそ遅く**鈍重（時速30km前後）だが、中戦車以上の重量（25～65トン程度）と火力（76～122mm砲が一般的）をもち、重装甲（75～200mm程度）**である。試作の重戦車ならば、軽戦車や中戦車でも同様だが、規格外のスペックをもつものもある（**写真1-15**）。

図1-3　戦車の大きさと重量による分類

豆戦車

写真1-12　イタリアのCV33（写真）、英国のカーデン・ロイド、日本の九四式軽装甲車など

軽戦車

写真1-13　フランスのルノーFT17（写真）、ドイツのⅡ号戦車、ソ連のT-26、米国のM3スチュアート、日本の九五式軽戦車などがある

中戦車

写真1-14　米国のM4シャーマン（写真）、ドイツのパンター、ソ連のT-34、英国のヴィッカースC型、日本の九七式中戦車など多数。ちなみに、写真の米軍M4中戦車だが、車体後部に鹵獲した日本の九四式軽装甲車が積載されていて、豆戦車とのサイズ比が顕著にわかる

重戦車

写真1-15　ソ連のIS-2（写真）、ドイツのⅥ号戦車ティーガー、アメリカのM26パーシングなどがある

1-6
戦車の分類 ー任務・用途による分類ー

戦車は、第二次世界大戦ごろまで、任務・用途で分類することが多かった。**戦間期のフランスでは、騎兵科が所掌する偵察用の軽戦車を「騎兵戦車」として分類した**（**写真1-16**）。一方、英国は1930年代から戦車を「歩兵戦車」と「巡航戦車」の2種に分類した。**歩兵戦車は低速だが重装甲で、歩兵部隊の攻撃および防御に際し、これを支援するためのもの**である。

逆に巡航戦車は、軽装甲だが速度が高かった。この特性を活かし、主として突破口の形成や、迂回により敵の背後から攻撃した。つまり**巡航戦車とは、かつての騎兵的な運用に特化した戦車**、と言えよう。だが、装甲が薄いので、敵戦車との戦闘では苦戦することも多かった（**写真1-17**）。

「空挺戦車」は、1930年代から開発が始まった、空挺作戦用の軽戦車である。第二次世界大戦では、輸送機が曳航するグライダーに搭載され、降着後に空挺部隊を支援した。戦車そのものに主翼やエンジンを付加する発想もあったが、試作のみで終わった（**写真1-18**）。第二次世界大戦後は、米国の「M-551シェリダン空挺戦車」や、厳密には戦車ではないがソ連・ロシアの「BMD空挺戦闘車」や、ドイツ連邦軍の豆戦車「ヴィーゼル1空挺戦闘車」などが細々と開発されている。

「水陸両用戦車」は、戦車を軽装甲・軽量化する代わりに、浮航性をもたせたものだ。通常の戦車でも、吸排気用の筒を装着すれば、潜水して渡河できる。だが、浅い川に限定されるので、第二次世界大戦では、各国が水陸両用戦車を開発した（**写真1-19**）。現代では、わずかにロシアと中国が水陸両用戦車を保有する程度、となっている。

戦車豆知識

教範（きょうはん）

軍隊の教育訓練に用いるテキスト、マニュアル類。海自や空自では、「教程」と呼ぶ。

図1-4　戦車の任務による分類

写真1-16　ソミュール戦車博物館に現存する、フランスのH-35騎兵戦車(のちに、H-39へ改修)。当時のフランスでは、騎兵科が所掌する偵察用の軽戦車をこう呼んだ

写真1-17　英国は、巡航戦車(例:クルセイダーMk.Ⅲ=左)と、歩兵戦車(例:Mk.Ⅳチャーチル=右)のように、2系列の戦車を開発・装備するようになる

写真1-18　ソ連は、グライダー式空挺戦車アントノフA40を考案したが、実現できずに終わっている

写真1-19　日本海軍の水陸両用戦車、特二式内火艇(カミ)

Tank of Frontline ～ウクライナ侵攻戦①～

2022年2月にロシア軍が全面侵攻して以来、ヒゲを蓄えすっかり精悍な風貌となったウクライナのゼレンスキー大統領。戦時下のためスーツではなく、陸軍のTシャツを常用している（写真：ゼレンスキー大統領Facebookより）

ウクライナの国旗を掲げ走行中の「T-72BM戦車」。左右のフェンダー部分には、識別用の十字マークが白でペイントされている

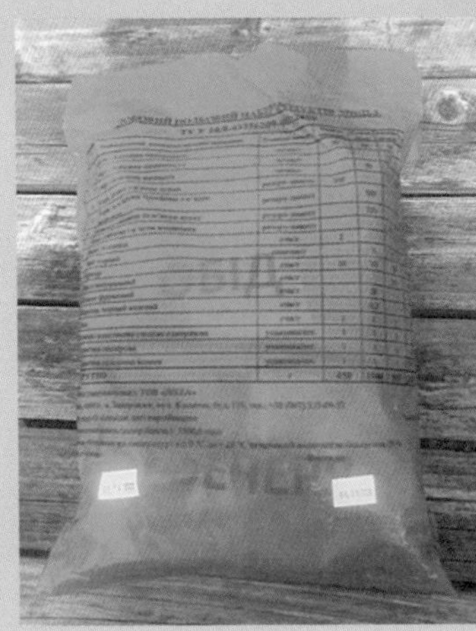

ウクライナ軍戦闘糧食の外観と内容品
（写真：あかぎひろゆき）

第2章

戦車の歴史

　第一次世界大戦で戦車が世に登場してから、百有余年。この章では、いかにして戦車が発達していったのか、時系列を追って戦車の歴史を学んでみよう。

英国が開発した世界初の戦車、「Mk. I（マークワン）」。砲を装備した「雄型」と、機関銃しかもたない「雌型」がある。写真はオチキス QF6ポンド砲装備の雄型

2-1

戦車の歴史（1）
－古代の戦車－

第一次世界大戦時の1916年、ソンム会戦にて初陣を飾った戦車だが、はるかな古代にも戦車は存在した。もちろん、**紀元前の古代戦車は戦闘用の馬車**にすぎない。当然ながら、本書で扱う戦車は内燃機関を動力としたものだが、戦車の歴史を語る前に、古代戦車についても触れてみることとしよう。

さて、古代戦車は一般的に「**チャリオット**」と呼ばれる。これはラテン語ではなく、英語での名称だ。考古学的には紀元前2,000年ごろに、ユーラシア大陸北部のステップ帯に栄えた「シンタシュタ文化」の下で誕生したとされる。その多くは2頭立ての1人乗りで、立った姿勢で乗車するものだったが、2名以上が搭乗するものも存在した。

チャリオットは、ヒッタイト帝国で多用されたが（**図2-1**）、のちの古代ローマやギリシャでは、映画「ベン・ハー」の描写にあるように、むしろ戦闘よりも戦車競走に使用された。ラテン語では当初「クッルス（currus）」と呼ばれたが、軽量・快速に改良されて「クッリクルム（curriculum）」と呼ばれるようになった。

一方、古代戦車は東アジアにも伝播し、春秋時代など古代の中国においても使用されている。中国では、古代の戦闘馬車を「**战车**（センチョー）」と呼ぶ。この戦闘馬車の乗員は、都合3名からなっていた。中央に「御者」、その左に「車長兼弓兵（車左という）」が位置し、右には近接戦闘を担当する「戈（ほこ）兵（車右）」が乗るのだ。ちなみに中国の戈は、斧のように穂先が垂直につく。これに対して日本の矛（ほこ）は、槍のように穂先が水平についている。また、**当時の中国では、指揮・連絡用の馬車も使われた**（**写真2-1**）。だが、装備数量的には、指揮・連絡用のほうが多かったという。

戦車豆知識

局地戦（きょくちせん）

特定の地域を戦場とした、限定戦争の一形態。想定された主戦場から離れた、遠隔地での戦闘となることがある。

図2-1　チャリオット

紀元前1,300年前に建立されたエジプトの寺院に残る、ヒッタイトの戦車を描いた壁画。内燃機関発明以前のはるかな古代、「チャリオット」と呼ばれる当時の戦車

写真2-1　春秋時代など古代の中国において、戦車はおもに指揮・連絡用として使われた

2-2

戦車の歴史（2）
−第一次世界大戦の戦車−

英国は、第一次世界大戦時の1916年9月、史上初の戦車を実戦投入した。これが、菱型戦車**「Mk. I（マークワン）」**である（**写真2-2**）。新兵器である戦車の初陣となった**「ソンム会戦」**では、60両の「Mk. I戦車」が準備された。この数は、3個戦車中隊の装備定数を合計（1個中隊は20両）したものだ。

しかし、鉄道輸送上の不具合や、自走して現地へ向かう途中の故障などで、到着したのは49両だけだった。このうち実際には18両しか稼働せず、ドイツ軍陣地への突撃に至ったのは、たったの5両にすぎなかった。現代の戦車でも、100%フル稼働はあり得ない。史上初の戦車は、機械的信頼性が低すぎたのだ。しかも、「Mk. I戦車」は時速約6kmと低速であった。

だが、初の実戦で「Mk. I戦車」はドイツ兵をパニックに陥れ、戦線を突破することができた。なにしろ、ドイツ軍にしてみれば、初めて戦車を目にしたものだから、驚くのも無理はない。「Mk. I戦車」は火力も機動力も不十分だったが、**「戦車の衝撃力」を十分に発揮**して、当初の目的を達成できたのだ。

翌年、ドイツは「Mk. I戦車」に対抗するため、超特急で初の戦車「A7V」を開発（**写真2-3**）、1918年には英軍の「Mk.Aホイペット中戦車」と交戦している。これが史上初の戦車戦であったが、A7Vの量産はわずか20両ばかりで、戦局を覆すには至らなかった。

一方、フランスは英国に7か月遅れて「シュナイダーCA1戦車」を実戦投入するも、132両のうち57両が撃破されてしまう。翌月、もう1車種の「サン・シャモン突撃戦車」も突撃に失敗している。しかし、翌年フランスは**「ルノーFT17軽戦車」**を実戦デビューさせた（**図2-2**）。同車は、大戦終結まで各戦線で活躍し、戦後は各国で広く採用されるなど、大成功を収めた。

写真2-2 史上初の戦車、英国のMk. I。本車は、第一次世界大戦の膠着した塹壕戦を打開するために生まれた新兵器だった

写真2-3 ドイツ初の戦車A7V。英軍のMk I 戦車は、その形状から菱形戦車と俗称されるが、こちらは箱型の車体形状である

図2-2 戦車の車内レイアウト

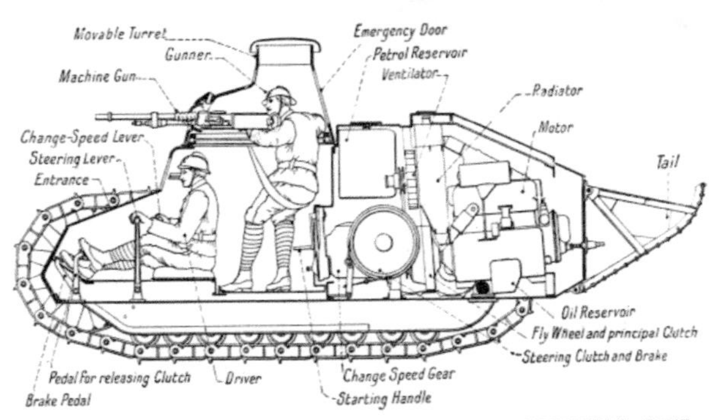

戦車の車内レイアウトを確立した、フランスのルノーFT17軽戦車。全周旋回可能な砲塔（銃搭）をもつ

2-3

戦車の歴史（3）
ー戦間期の戦車ー

第一次世界大戦から第二次世界大戦に至るまでの間を「戦間期」という。**第一次世界大戦後、各国の軍隊は戦車を外国から戦車を調達し、あるいは戦車の国産開発を始めるなど、模索しつつも戦車という新兵器について研究をスタートさせた。**

ところが、この時期、各国の陸海軍は軒並み軍縮の影響を受け、国防費が大幅に削減されてしまう。米・英・日の海軍は、条約で主力艦の建造を制限され（俗に、海軍休日という）、各国陸軍も師団などの部隊を廃止したり（日本の宇垣軍縮など）、過剰となった戦車を外国へ売却したりするなど（仏のルノーFT中古戦車輸出など）、戦力低下を余儀なくされている。

特に、第一次大戦に敗北したドイツは悲惨で、軍縮どころか戦車の保有を禁じられたほどだ。そこで、農業用トラクターに偽装して戦車開発を進め、**ハリボテ戦車を使い訓練した**（**写真2-4**）。

同時期の日本は、世界の列強としては新参者だった。だが、戦車の価値をよく理解し、軍縮の対象外として戦車部隊を新編、戦車の国産化を進めた（**写真2-5**）。

一方、第一次世界大戦に遅れて参戦した米国は、徐々に衰退する英国と対照的に、成長途上の新興国だった。戦間期となってから次々と戦車を試作し、モータリゼーションの進行も相まって、戦車大国の下地が醸成されつつあった。

そして、ロシア革命後のソ連は混乱を脱し、米国のクリスティー技師や、英国のヴィッカース社を範として、戦車の開発は順調だった（**写真2-6**）。だが、スターリンの大粛清で有能な技師も将校も多数を失い、そのまま第二次世界大戦に突入する羽目となる。

戦車豆知識

空爆（くうばく）

軍事用語では、航空攻撃と呼ぶ。1991年の湾岸戦争時、マスコミが作った語句。昔は空襲と呼んだが、おかしな用語が大衆に定着してしまった。

写真2-4　ヴェルサイユ条約により、戦車保有を禁じられたドイツだったが、農業用トラクターと偽って戦車開発を行うとともに、ハリボテ戦車で運用・戦術訓練を行った（写真左）。考案者は、ドイツ装甲部隊の父と呼ばれたグデーリアン（右）

写真2-5　昭和4年（1929年）に制式化された、日本初の国産戦車である八九式中戦車。2年前に試作した試製一號戦車の経験が役立っている

写真2-6　戦間期には、英国の「A1E1インディペンデント」を嚆矢とする多砲塔戦車が各国で開発されたが、ことごとく失敗に終わる。唯一、ソ連だけは例外で、T-28戦車は世界最多の503両も生産された

2-4
第二次世界大戦の戦車

1941年の独ソ戦では、ソ連の**「T-34中戦車」**が出現してドイツ軍に大きな衝撃を与えた。当時のドイツ軍が保有する戦車や対戦車砲で容易に撃破できず、ドイツ軍の内部では「T-34ショック」として動揺が広がった。

ソ連軍はT-34中戦車のほかに、KV-1重戦車など強力な火力と重走行をもつ戦車を保有していた。**T-34中戦車は76.2mm戦車砲を搭載、火力・防護力・機動力のバランスに優れた戦車**である（**写真2-7**）。緒戦こそドイツ軍に苦戦したソ連軍だが、その後は形勢を逆転し、T-34中戦車も改良を重ね、第二次世界大戦に勝利する一因ともなった。

一方、独ソ戦序盤はソ連軍を圧倒したドイツ軍であったが、T-34中戦車の出現を契機として、次第に苦戦するようになる。このため、急ぎ**「V号戦車パンター」**や**「VI号戦車ティーガー」**を開発・量産・投入した。

特に、ティーガー重戦車は強力な「8.8cm Kwk戦車砲（被帽つき徹甲弾8.8cmPzGr3使用時、射距離1,000mで100mmの装甲を貫徹）」や、最高出力650馬力のV型12気筒水冷エンジン「マイバッハHL210P45（のちに、700馬力のHL230P45に換装）」を搭載するなど、性能的に優れた戦車だった。また、**戦車乗員の練度も高く、「オットー・カリウス」や「ミハエル・ヴィットマン」など戦車エースを多数輩出**している。だが、第二次世界大戦の戦局を覆すには至らなかった（**写真2-8**）。

これに対して、米軍の「M-4中戦車」は、他車を圧倒するほど高性能な戦車ではない。だが、むしろ**生産性を重視した合理的な設計と、高い信頼性**に特徴がある。鋳造と溶接を適切に使い分けた車体構造、故障の少なさなど、カタログ性能値として現れない部分が優れていたのだ（**写真2-9**）。

戦車豆知識

口径（こうけい）

銃身・砲身の内径。溝をもつ銃身・砲身の場合、「山径」と「谷径」がある。火砲の砲身の長さを表すときは、砲身長と呼ばずに「○○口径長」と呼ぶ。

写真2-7　T34-76戦車（1941年型）。あくまで筆者の私見だが、本車は第二次世界大戦時における、走・攻・守3拍子そろった戦車のMVPではなかろうか

写真2-8　第二次世界大戦時のドイツ軍における最強戦車ティーガー。その一方で、構造が複雑かつ故障が多く、戦況を覆すには至らなかった

写真2-9　第二次世界大戦時に活躍した、米軍のM-4中戦車。性能こそ他車と比べ圧倒的ではないが、戦車そのものの性能を追求するよりも、生産性を重視した

2-5
第二次世界大戦後の戦車 ―第1世代―

各国の**戦後第1世代戦車**は、大雑把に言えば**大戦末期〜1950年代前半ごろまでに開発された一群の戦車**、と定義できるだろう。

当時の戦車における技術的特徴としては、火力面で西側諸国が**口径90mmの戦車砲**を採用したのに対し、東側諸国は**100mm戦車砲**を装備していた。次に機動力だが、**最大速度が約40〜50km**と大戦中の戦車よりも若干アップ、**車体重量は平均約40〜50トン**といったところだ。

また、砲塔および車体設計には「**避弾経始**（後述）」の概念が取り入れられるとともに、「**砲安定装置**（後述）」も各国の戦車に導入されるようになった。

第二次世界大戦後の英国は、戦争末期に完成した「センチュリオン戦車」を装備していた（**写真2-10**）。当初は「重巡航戦車」と名乗っていたが、その後の英国戦車は大戦中のように「巡航戦車」と「歩兵戦車」に区分せず、主力戦車として統合されている。

一方、ソ連は大戦後早々の1946年に「T-54戦車」を制式化する。これを改良した「T-55戦車」は1958年に制式化されたもので（**写真2-11**）、お椀型をした特徴ある砲塔の形状は、その後のソ連戦車にも継承された。

大戦後の米国は、「M26パーシング戦車」の更新を目的として、1949年に「M46パットン戦車」を制式化する（**写真2-12**）。本車はM26の改良型ではあったが、その後も「M47」、「M48」と改良されて、この一連のシリーズは「M60戦車」へと続く。

なお、ほかの戦後第1世代戦車としては、中国の「69式戦車（中国語で「69式主战坦克＝主力戦車」と書く）」、日本の「61式戦車」などがある。

戦車豆知識

撃発（げきはつ）

タマを発射すること。銃砲用語で、学術的な言い方。陸自では、戦車砲を撃つことを「発砲」と呼ばない。口径の大小に関わらず「射撃」という。

写真2-10　英国が第二次世界大戦末期に完成させたセンチュリオン戦車。実戦での活躍前にドイツが降伏、本車は英国にとって戦後第1世代の主力戦車となり、各国軍で使われた

写真2-11　T-55戦車はT-54の改良型であり、この2者をひとまとめにしてT-54/T-55戦車と称される

写真2-12　米国初の戦後第1世代主力戦車となった、M46パットン戦車。本車はその後、M47、M48と一連のパットン・シリーズとして、M60戦車へと至った

2-6

第二次世界大戦後の戦車 ―第2世代―

各国の**戦後第2世代戦車**は、**1950年代後半～1970年代前半ごろまでに開発されたグループ**に属するものだ。技術的特徴としては、火力面で西側が戦車砲に105mm施条砲（ライフル砲）を採用したのに対し、東側は**115mm滑腔砲**を西側に先んじて採用したことだろう。次に機動力だが、**最大速度が約50～60km**と第1世代の戦車よりも向上、**車体重量は平均約50トン**程度だ。また、各国軍の戦車は新たに**レーザー測距装置**を逐次導入、**アクティブ式赤外線暗視装置**（後述）により夜間戦闘能力も向上している。そして、**アナログ・コンピュータ式の射撃統制装置**が標準装備されるようになった。

戦後第2世代に属する米国の「M60戦車」は、M48パットン戦車の後継として、1959年から量産が始まった（**写真2-13**）。一方でソ連は、1961年に「T-62戦車」を制式化する（**写真2-14**）。T-62戦車には、現代のような自動装填装置はなく、高度な射撃統制装置も装備していない。だが、当時の技術的見地からすれば、滑腔砲の採用は画期的だったと言えるだろう。

このころドイツでは、戦後初となる国産戦車を試作中だった。1955年に再軍備し、のちに北大西洋条約機構（NATO）の中核的存在となったドイツだが、当時フランスも国産戦車開発を企図していた。独仏両国は、戦車の共同開発を目指したが挫折。フランスは「AMX-30戦車」を独自開発することとなり、ドイツは試作中だった戦車を1963年に「レオパルト」と命名、のちに「レオパルト1」と呼ばれることとなる（**写真2-15**）。この戦車が量産されて、欧州標準戦車となったのだ。

なお、ほかの戦後第2世代戦車としては、英国の「チーフテン戦車」、日本の「74式戦車」などがある。

戦車豆知識

航空攻撃（こうくうこうげき）

主として攻撃機などによる、戦闘部隊および戦場後方に位置する兵站組織などに対する対地上攻撃。

写真2-13　米国のM60戦車。M48パットン戦車を改良したもので、多くの派生型がある

写真2-14　戦後第2世代に分類されるT-62戦車。生産数が各型合計で約1万9千両と非常に多く、海外の軍事博物館でも主要な展示品だ

写真2-15　レサニ軍事博物館（チェコ）にて公開デモ走行中のレオパルト1戦車。ギリシャ軍払下げの車両で、砲塔に国籍マークがついている

2-7

第二次世界大戦後の戦車 ー第3世代ー

戦後第3世代戦車は、**1970年代後半〜現代までに開発**されたものである。技術的特徴としては、火力面で西側が戦車砲に**120mm滑腔砲**(英国のチャレンジャー戦車は、120mm施条砲搭載だが)を採用、東側も同じく滑腔砲だが125mm砲の装備により、口径で西側を凌駕した。

次に機動力だが、各国では**1,200〜1,500馬力級のエンジンを搭載**するようになる。これにより**最大速度は約70〜80km**に達し、第2世代の戦車よりもさらに向上、**車体重量は平均約60トン級**にもなった。

また、第2世代の戦車に分類される英国の「チーフテン戦車」を開発する際に発明された「**複合装甲**(英国の呼称は、チョバム・アーマー)」は、詳細が秘密にもかかわらず、各国で類似品が実用化・採用されている。

射撃統制装置は、従来よりも高度な「デジタル・コンピュータ式」となり、暗視装置は従来の「アクティブ式」から、自分からは赤外線をださない**「パッシブ式」**となった。

戦後第3世代戦車には、欧州標準戦車として高い評価を得ているドイツの「レオパルト2戦車(**図2-3**)」があるほか、旧ソ連時代に開発され、ウクライナ国防軍や旧東欧諸国でも使用された「T-80戦車」の派生型を含む一連のシリーズがある(**写真2-16**)。

これら以外の戦後第3世代戦車を列挙すると、次のとおりとなる。米国の「M1A1」、英国の「チャレンジャー1」、フランスの「ルクレール」、日本の「90式戦車」、イタリアの「アリエテ」、イスラエルの「メルカバMk.3」、中国の「98式坦克」などがそうだ。

図2-3　現代戦車の構造（例：レオパルト2）

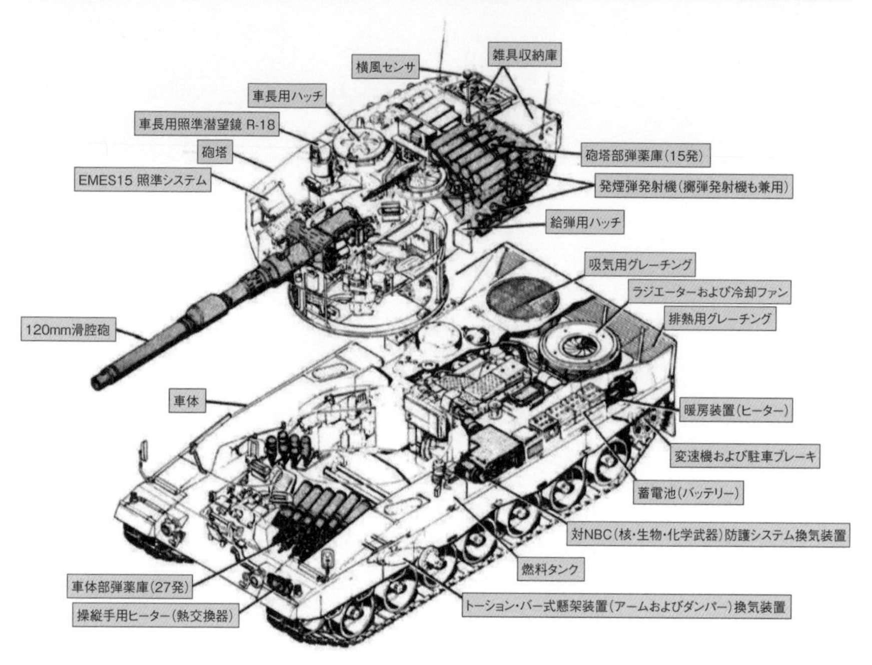

写真2-16　旧ソ連軍のT-80U戦車。2022年のウクライナ侵攻でも多数が運用中

2-8

現代の戦車 ―第3.5世代以降―

戦後第3世代戦車のうち、冷戦終結以降に改良されたアップグレード型の主力戦車や、新規開発された戦車は**「第3.5世代」**と分類される。だが、これは便宜的なものであり、国によっては「第4世代」と称している場合もある。

戦後第3.5世代戦車のおもな特徴は、高度なIT技術による**「戦術ネットワーク用コンピュータ」**および**「戦術データリンク・システム」**を搭載していることや、装甲防護力強化のため、**トップアタック対策**を採用していることなどが挙げられるだろう。

おもな戦後第3.5世代戦車には、武器・兵器開発新興国のトルコが開発した「アルタイ」(**写真2-17**)や、ロシアの「T-14(アルマータとは、戦闘車両ファミリー共通の名称)」がある(**写真2-18**)。このうち、前者の「アルタイ」はトルコの国産戦車ではあるが、韓国の「K2戦車」をベースとしたものである。

そして、韓国の「K2戦車」は国産を謳(うた)っているが、主要なコンポーネント部品は外国製だ。だが、そうバカにもできないだろう。たとえ外国製の部品を寄せ集め、外国の技術にばかり依存していたとしても、戦車を完結したシステムとしてまとめ上げるのは難しい。少なくとも、自国に自動車産業がないと、まともな国産戦車の開発は不可能だ。

ちなみに、第二次世界大戦までの戦車には、第1世代・第2世代と表現する明確な世代区分がない。そもそも**戦車の世代区分は、西側欧米諸国の観点で便宜上設けられているもの**で、あくまで目安にすぎないのだ。

ほかの戦後第3.5世代戦車としては韓国の「K2戦車」、米国の「M1戦車(M1A2以降)」、ドイツの「レオパルト2戦車(A7以降)」、日本の「10式戦車」、中国の「99式坦克」などがある。

写真2-17　韓国のK2戦車をベースに開発された、トルコの国産戦車アルタイ

写真2-18　ロシア軍のT-14アルマータ戦車。（写真：ロシア国防省）

COLUMN

出現間近？　登場なるか、第４世代の戦車

ドイツのラインメタル社は、フランスのパリで開催中だった国際兵器見本市ユーロサトリ2022の会場において、「KF51パンター戦車」を公開した（コラム2-1）。2022年6月13日のことである。

この戦車はラインメタル社が自社開発した試作車で、ドイツ連邦軍への採用予定はまだない。ウクライナに工場を建設し、現地生産・供給する話すらあるが、終戦後でないと難しいだろう。

さて、この「KF51パンター戦車」だが、第3.5世代として分類される各国の現用戦車と比較すれば、第４世代と呼んでもよさそうな特徴を備え

ている。その1つ目は、徘徊自爆型に分類される**無人攻撃機や、無人偵察機の射出機能をもつ**ことだ。そして2つ目の特徴は、戦車砲に**自動装填装置式の52口径130mm滑腔砲が搭載**されたことである。

一方、米国のゼネラル・ダイナミクス社は2022年10月、新型戦車「エイブラムスX（エックス）」を公開した（コラム2-2、2-3）。試作車を見ると、「M1戦車」をベースとし、**自動装填式の120mm滑腔砲を無人砲塔に搭載、ステルス車体のデザイン**としたような感じだ。同車は、かつて試作した「M1戦車テストベッド」などと同じ技術実証車であり、ただちに量産するわけではない。

余談だが、わが国でも135mm滑腔砲および弾薬の試作は過去に行ったようだ。2010年当時、ダイキン工業で研究設計部長だった金木正則氏が『防衛技術ジャーナル』2010年3月号のインタビューにおいて「2,000mを超える初速を達成できた」と述べている。滑腔砲は日本製鋼所、弾薬はダイキン工業の担当であろう。これが事実なら、すごいことだ。

コラム2-1　独ラインメタル社が試作したKF51パンター戦車（写真：ドイツ国防技術調達庁、ラインメタル社）

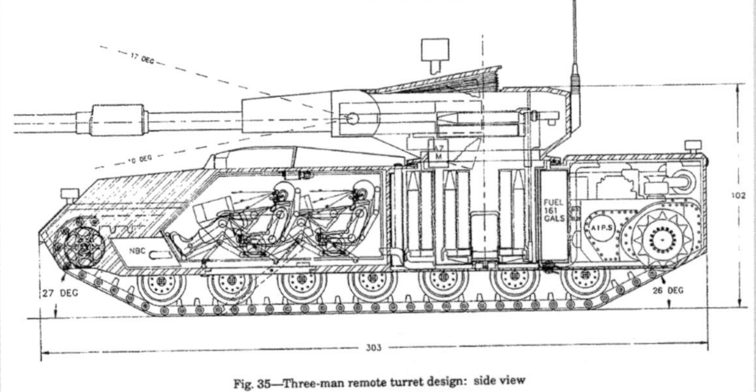

コラム2-2　米M1戦車テストベッドの外観と構造

コラム2-3　エイブラムスX（写真：米国防総省、ゼネラル・ダイナミクス社）

第3章

戦車の火力

戦車が陸戦において敵と交戦するに際し、火力の発揮はもっとも大切な要素の1つと言える。本章では、そのメカニズムについて、戦車砲と弾薬を中心に解説する。

戦車射撃競技会において、射撃を実施中の90式戦車。わが国唯一の機甲師団、第7師団の所属車両（写真：陸上自衛隊）

3-1

戦車砲（施条砲と滑腔砲）

現代の戦車砲（**図3-1**）は、**「施条砲（ライフル砲）」と「滑腔砲」に大別**される。今から半世紀前には、米軍のM551空挺戦車が搭載していた「152mmガンランチャーM81」というミサイル発射機兼用の戦車砲もあったが、結局普及していない。

施条砲は、砲身内の**ライフリング**により砲弾に回転が与えられ、空中弾道が安定する仕組みだ（**図3-2**）。よくライフリングを「螺旋状の溝」と表現する人がいる。確かに螺旋ではあるのだが、そう呼ぶほどの回転率ではない。

英国の「105mm施条砲L7」を例とすれば、28本の溝が口径の18倍の長さで1回転するくらいに緩やかである。この回転率（ピッチ）を転度と呼び、溝が右回りなら「28条右転」という表現をする。

一方、**「滑腔砲」は砲身内にライフリングがない**。このため、砲弾は回転しないので、尾部に安定翼がついている（**図3-3**）。「滑腔砲」は現代の戦車砲で主流となっている。これは、強力な**「装弾筒付翼安定弾（APFSDSという）」**が使用できるからで、英国の主力戦車「チャレンジャー1および2戦車」は、頑なに120mm施条砲を使用している。

ちなみに、施条砲でもAPFSDSは発射できる。ただし、そのまま射撃したのでは、ライフリングの作用で砲弾自体が回転し、空中飛翔時の弾道が不安定になってしまう。そこで、これを軽減するため、施条砲用のAPFSDS弾にはスリッピング・リング（スリップ・バンドなどとも呼ぶ）という帯が装着されている。

しかし、「滑腔砲」から発射するAPFSDSのほうが命中精度は高く、射程も長いとなると、戦車砲の主流が滑腔砲になったのも仕方ないことだろう。

戦車豆知識

巡航ミサイル（じゅんこうみさいる）

航空機のような主翼をもつ、長距離を自立飛行する対地攻撃用のミサイル。水上艦や潜水艦から発射するものや、爆撃機などから発射する空中発射型などがある。

図3-1　戦車砲の断面構造（イメージ）

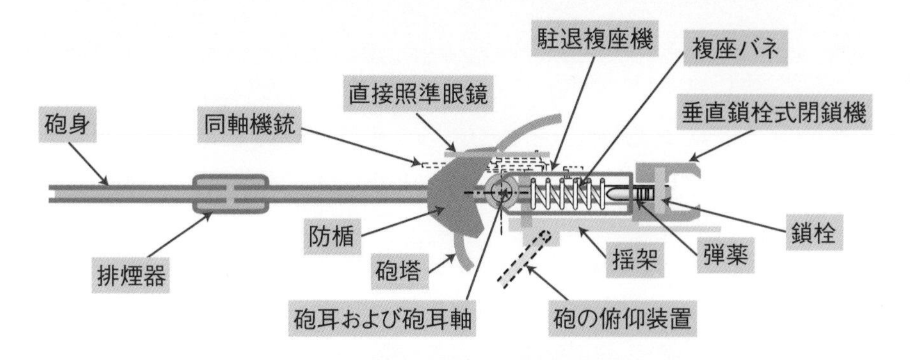

図3-2　施条砲（ライフル砲）

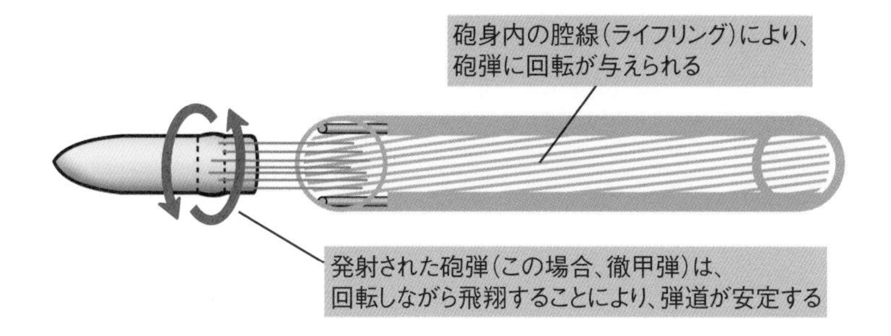

写真3-1　英国の「105mm施条砲（ライフル砲）L7」カットモデル。緩やかなライフリング（28条右転、口径の18倍の長さで1回転する）が明瞭にわかる

図3-3　滑腔砲

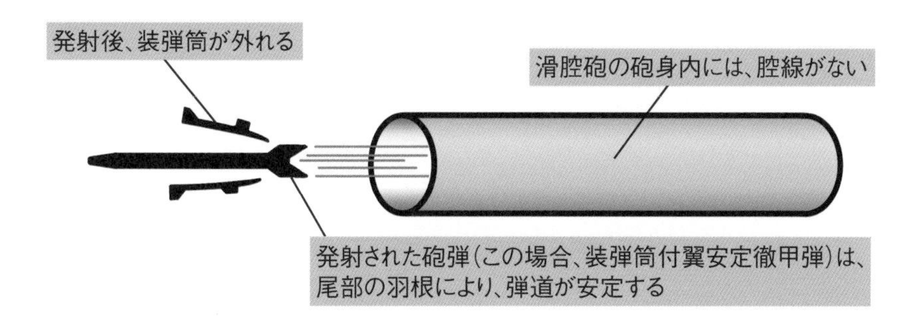

3-2
戦車砲の口径と砲身の付属部品

戦車砲の口径は、一般的に「mm（ミリメートル）」で表す。21世紀の現代では、米軍でもNATO軍でも国際単位系SI（メートル法）を用いるが、第二次世界大戦時は各国で戦車砲など火砲の口径の表記はバラバラだった。

たとえば、ドイツの「8.8cm Kwk 43L/71戦車砲」のように、cm（センチメートル）で表したり、英国の伝統的な呼称のように17ポンド砲（76.2mm）と呼んだりした。米国は、現代でも航空機の業界では、頑なにインチやフィートを用いているが、戦車砲の口径はmmで表記している（**図3-4、3-5**）。

拳銃や小銃などの小火器であれば、**口径とは銃身の内径を指す**。これに対して戦車砲の場合は砲身の内径だけでなく、砲身の長さを示すときにも使う。これを**「口径長」**と呼び、通常は「44口径120mm滑腔砲」のように「○○口径」と略すものだから紛らわしい。

さて、戦車砲の付属部品だが、かつての戦車には、砲口部（砲の先端）にT字型をした煙突状、あるいは籠型で穴が開いたものがついていた。これを**「砲口制退器（マズルブレーキ）」**と呼ぶ。特に、T字型のものは「爆風転向器」または「爆風転向装置」などとも言う（**写真3-1**）。これは反動を軽減するだけでなく、戦車砲の射撃時に生じる爆風を左右に拡散させる。さらに、次弾を射撃する時の視界を確保する効果もあわせもつからだ。戦車砲の設計・製造技術の向上で、現代では自走榴弾砲などに用いられる程度となった。

また、現代の戦車には**「排煙器（エバキュエーター）」**も装備されている。戦車砲の中央か、やや前方にある膨らんだ部分がそうだ。戦車砲射撃時に有毒な発射ガスが戦闘室内へ逆流し、乗員が吸い込まないための装置である。戦車砲弾が砲口をでたとき、砲身内外の圧力差を用いる仕組みだ。

戦車豆知識

小銃（しょうじゅう）

おもに歩兵が使う銃の種類。英語でRifle（ライフル）という。現代では自動銃が常識なので、いちいち自動小銃とは呼ばない。

図3-4　砲の口径に関する名称・用語を示したもの

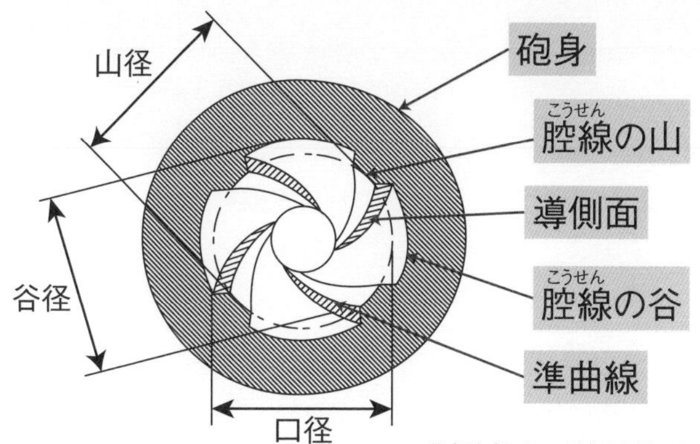

施条砲（ライフル砲）の口径には、「山径」と「谷径」がある（図版：防衛省規格 火器用語（火砲）より）

図3-5　戦車砲の口径長とは（イメージ）

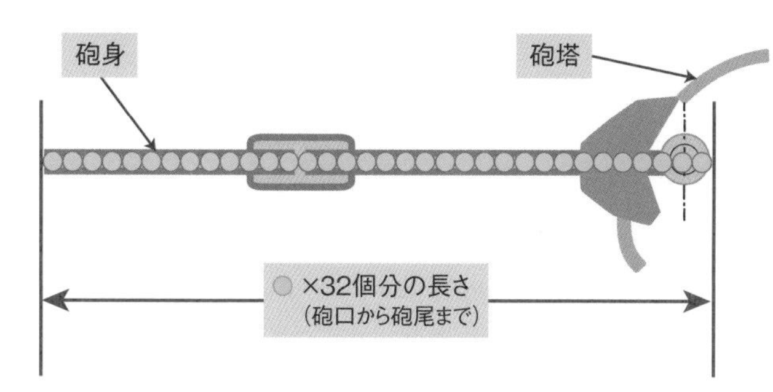

火砲（戦車砲）における砲身の長さを表す場合、砲身長とは呼ばずに「○○口径」と称するが、口径長という表現のほうがわかりやすいだろう。

仮に、「32口径90mm戦車砲」というものが存在するとしたら、左図のように砲身の長さは「90mm×32」=2,880mmであり、2.88mになる

写真3-1　T字型マズルブレーキの一例。写真は退役した陸自の61式戦車のもので、爆風転向器とも呼ぶ

3-3
閉鎖機および自動装填装置

戦車砲の砲身後端（砲尾）には、弾薬を装填するための薬室がある。この部分を閉鎖し、発射ガスを緊塞（閉塞）する役目の**「閉鎖機」**が取りつけられている（**写真3-2**）。榴弾砲など砲兵の火砲であれば、巨大なネジ状をした「隔螺式」と呼ぶ閉鎖機を使う。

戦車砲に隔螺式閉鎖機を採用したものは皆無ではないが、かなり少ない。例外的に旧ソ連のKV-2戦車など、榴弾砲を転用した戦車砲くらいだろう。これに対し戦車砲の場合は、上下または左右にスライドする**「鎖栓式」**の閉鎖機で薬室を塞ぐ。

次に**「自動装填装置」**だが、字のごとく戦車砲へ弾薬を自動的に装填してくれる。自動装填装置は、第二次世界大戦中から試作されてきたが、実用化されたのは大戦後のことだった。

自動装填装置は、リボルバー式拳銃の弾倉に似た**「回転型弾倉方式」**と、砲塔後部にある張りだし部（バスルと呼ぶ）に設けた弾倉から弾薬をスライドさせて装填する「**ベルトコンベア方式（次ページ図3-6）**」に大別される。

主力戦車の自動装填装置は、旧ソ連の「T-64戦車」が初めて実用化した。ところが、弾薬を薬室へ押し込むラマー（**写真3-3**）に砲手が巻き込まれ、腕を切断され死傷する事故が続出し、故障も多かった。その後、ロシア製自動装填装置（カセトカ式）は、改良されて事故や故障は減少したそうだ。

日本の90式戦車では、西側自由主義諸国で初の自動装填装置が採用されたが、こちらはベルトコンベア方式である。事故や故障も少なく、信頼性は高い。砲手の足が自動装填装置のラマーに接触して負傷した事例があるが、これは非常に稀で不運なケースだ。

戦車豆知識

精密誘導武器（せいみつゆうどうへいき）

攻撃機などから投下されるレーザー誘導爆弾、対地ミサイルや、艦艇および陸軍部隊などの対空・対艦・巡航ミサイルなどの総称。

写真3-2　後方から見た、10式戦車の砲手席。閉鎖機は砲尾にあり、発射ガスを閉塞するための重要部品だ
（写真：陸上自衛隊）

写真3-3　T-64BV戦車の自動装填装置。弾頭と装薬がラマーで押し込まれる直前の様子
（写真：ウクライナ陸軍公開動画より）

図3-6　90式戦車の自動装填装置（イメージ）

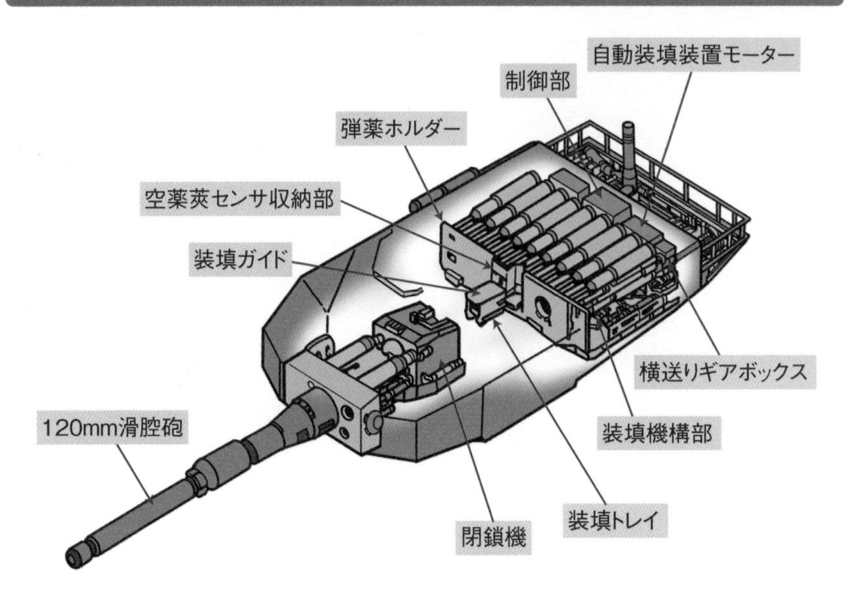

右上は、側面から見た「自動装填装置の揚弾機構」。右下は、自動装填装置のラック型弾倉（図版：三菱重工　公開特許広報「特開平7－19797」から転載）

出典：陸上自衛隊

自動装填装置の爆弾機構

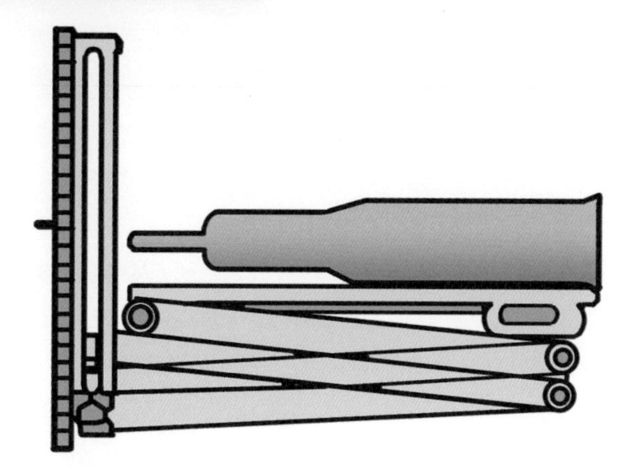

自動装填装置のラック型弾倉

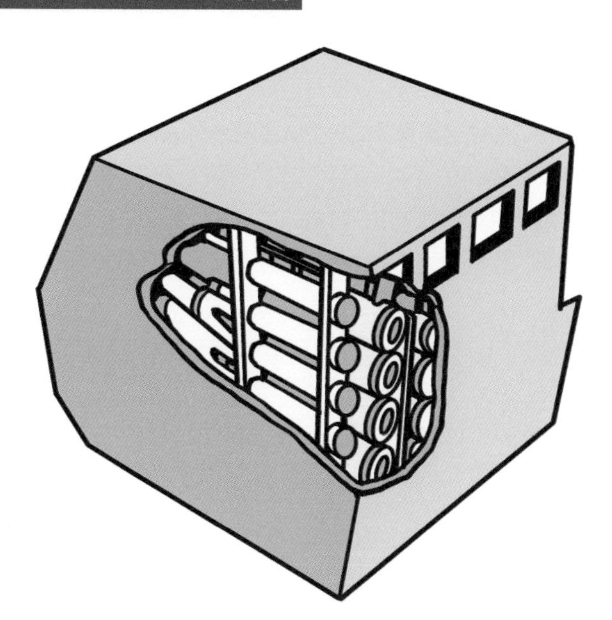

3-4
車載機関銃およびRWS

戦車の主たる武装は戦車砲だが、副武装として機関銃をもつ。 国によっては、さらに擲弾発射機（グレネード・ランチャー）や60mm迫撃砲を追加装備する。現代の各国軍が保有している主力戦車であれば、副武装は複数の機関銃であることが多い。

1つは、戦車砲の砲腔と同軸に装備される **「同軸機銃（現場の部隊では、連装銃と呼ぶ）」** で、もう1つは12.7mm重機関銃などの **「対空機銃」** である。この2つを総称し、車載機関銃（「砲塔銃」とも表現するが）という（**写真3-4**）。

重機関銃を使用して、軽装甲車や装甲のないトラックなどの汎用車両、時には敵歩兵など地上目標も撃つが、あくまで対空用だ。

ちなみに同軸機銃という語句は、正式な防衛省用語なのだが、意外に機甲科の戦車乗りでも知らなかったりする。また、「機銃」という言い回しは日本海軍や海自の用語だが、軍事雑誌などの出版界では陸戦で使う機関銃も機銃と呼ぶので、語句の用例として誤りではない。

次に **RWSだが、これは遠隔操作式の無人銃塔や無人銃架である。** 主として戦車以外の装甲兵員輸送車（APC）や、汎用型軍用車両（ジープ級の小型車など）が装備している。戦車での装備例は皆無ではないが、（インド軍の主力戦車「アージュン」などが採用）各国軍ではほとんど装備していない（**写真3-5**）。なぜなら、戦車には回転式砲塔があり、戦車砲の同軸機銃を撃てるからだ。

陸自の90式戦車や10式戦車であれば、12.7mm重機関銃で射撃するには、乗員がハッチから身を乗りだして射撃しなくてはならない。しかし、同軸機銃の74式7.62mm車載機関銃ならば、狙撃される心配もなく、車内から安全に撃てる。

戦車豆知識

全縦深同時打撃（ぜんじゅうしんどうじだげき）

戦場の最前線から後方地域まで、戦車・火砲・航空機などでいっせいに攻撃を行うこと。

写真3-4　戦車が装備する「車載機関銃」

写真3-5　インドのアージュンMk.Ⅱ主力戦車に装備されたRWS

3-5

射撃統制装置および照準装置、視察装置

現代の主力戦車は、直接照準により射撃を行うが、その前に射撃に必要な**「弾道諸元」**、つまり各種データを入力しなくてはならない。発射された戦車砲弾は、地球の自転や重力の影響で放物線を描く。また、風や気温、砲身の角度（俯角・仰角）などによっても、弾道が変化するからだ。

弾道諸元には、風向および風速・外気温・砲耳軸（ほうじじく）傾斜・装薬温度などがある。これらのデータは、現代の戦車であれば、射撃統制装置（FCS=fire control system）のデジタル・コンピュータが各々のセンサを介して得た数値を自動入力してくれるが（**図3-7**）、手動による入力も可能だ。

FCSは、上記のデータをもとに弾道計算を行う。この装置は、弾道諸元の数値を人間に代わって処理してくれる。垂直方向の高低角および水平方向の方位角を算出、補正に最適な値を導く。これは、とても人間には不可能だ。

FCSが存在しなかった時代は、砲手は経験と勘を頼りに射撃を行っていた。アナログ・コンピュータ（電子式アナログ計算機）が戦車に搭載されるのは、第二次世界大戦後のことである。電子式アナログ計算機は、真空管式の高射砲用があったが、巨大すぎて積めたものではない。かといって歯車利用の機械式計算機を戦車にもち込み、揺れる戦車内でハンドルを回し、「ガチャガチャ、チーン」と操作するわけにもいかないだろう。

そして、**照準装置および視察装置**であるが、前者は射撃に必須の装備だし、後者は目標の捜索に必要だ。現代戦車の照準装置および視察装置は、**デジタル式暗視機能つきビデオカメラ**が主流である。これが破損・故障したときに備え、潜望鏡（ペリスコープ）や直接照準眼鏡など、アナログな光学式をバックアップ用としてもつ。これらは外部に露出しているので、狙撃されることが多い（**図3-8**）。

図3-7　射撃統制装置と弾道諸元に関係する諸装置

環境センサ（風向・風速・外気温測定用）

表示装置（車内砲手席モニタ）

図3-8　砲塔上の弱点

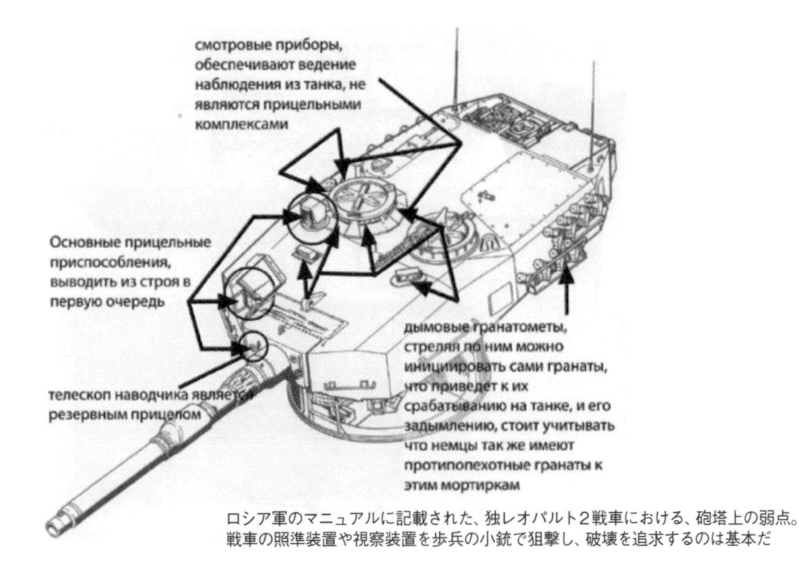

ロシア軍のマニュアルに記載された、独レオパルト2戦車における、砲塔上の弱点。戦車の照準装置や視察装置を歩兵の小銃で狙撃し、破壊を追求するのは基本だ

3-6
戦車砲のボアサイトと弾道学

歩兵の小銃が「零点規正（英語では、ゼロ・インと呼ぶ）」という照準具規正を行うように、戦車砲なども照準具の規正をしないと目標に命中しない。この照準具規正を**「ボアサイト」**と呼ぶ。通常は、1,500m前方に「ボアサイト用試験的（「まと」ではなく「てき」と呼ぶ）」を設置して、照準具と砲腔軸（砲身の中心軸）が一直線になるように行う。

ボアサイトの方法には「一点ボアサイト」と「平行ボアサイト」がある（図3-9）。通常は、一点ボアサイトを用いて戦車砲の照準規正を行うが、一点ボアサイトが実施できない場合は、平行ボアサイトを用いて照準規正を行う。

また、連装銃など機関銃のボアサイトや、照準具以外のレーザー測距装置や熱線映像装置についても、規正を行わなくてはならない。

さて、ここで少し射撃理論と弾道の話をしよう。弾道とは、タマの通る道筋であるが、力学的には「飛翔する弾丸の重心の軌跡」をいう。弾道は、弾丸が砲身内を進んでいるときの**「砲内弾道」**と、弾丸が砲口をでたあとの**「砲外弾道」**に区分される。**図3-10**は、戦車砲弾の砲外弾道を示したものだ。

「射角」は、戦車砲の俯角および仰角のことで、仰角の高低により射程も変化する。一般的に、戦車砲の場合は、大仰角で射撃することはまずない。せいぜい3,000m先の目標を直接狙って撃つ火砲なので、30kmも先にある自分から直接見えない目標を撃つ榴弾砲のように、大仰角にできない。

ただし、第7章の7項で後述するが、「戦車砲による間接照準射撃」を行う際は、戦車砲を最大仰角にして撃つ。逆に、戦車砲を俯角にして撃つ機会は割と多い。地形を利用して「稜線射撃」を行う場合がそうだ。これについても、7-4項で後述する。

戦車豆知識

戦術核兵器（せんじゅつかくへいき）

一般的に、通常兵器の上位にある、戦場での使用を前提とした小型核兵器。通常、戦略核兵器よりも小型のもの。米ソ間の核軍縮協定では、弾頭威力の大小に関係なく、射程が500km以下のものと定義されている。

図3-9　野外照準規正（ボアサイト）の実施要領

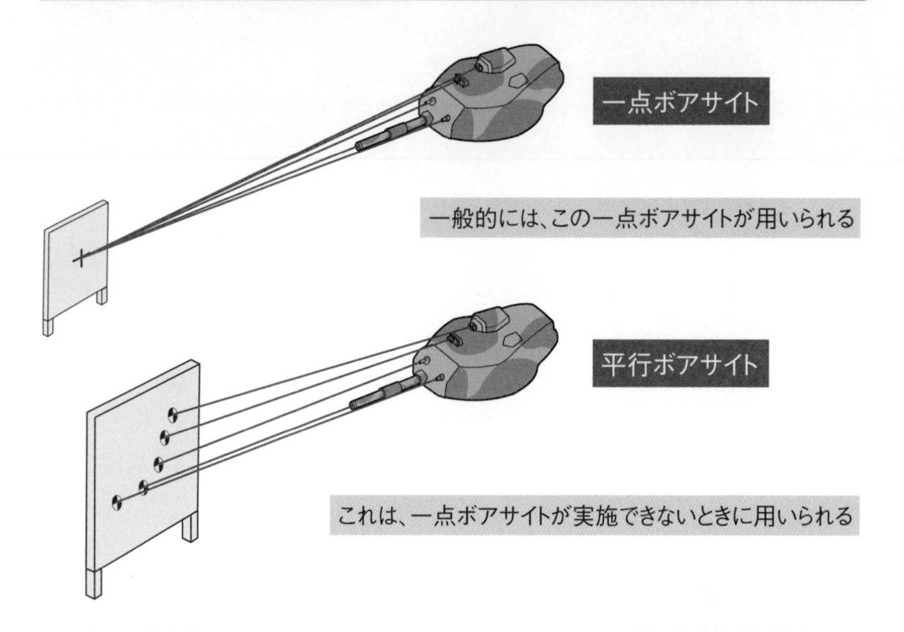

図3-10　火砲の砲弾弾道（戦車砲も榴弾砲も基本的には同様）

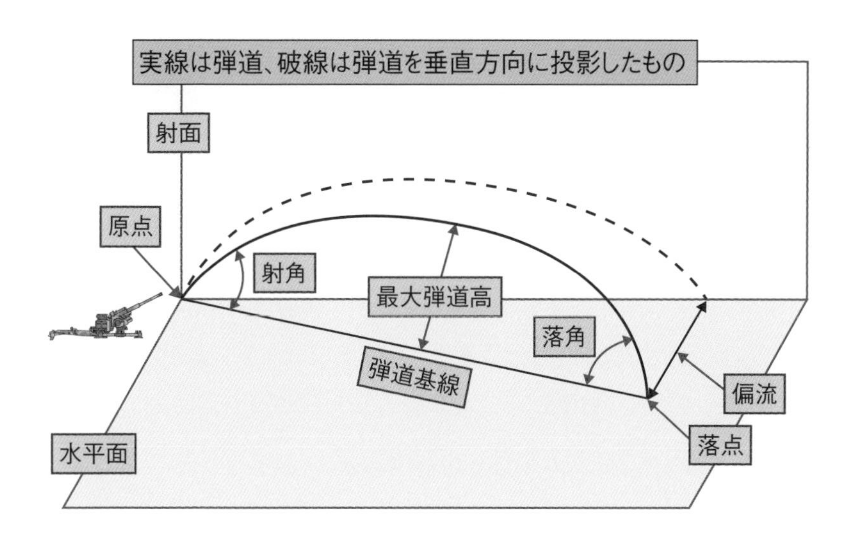

3-7

戦車砲の砲身命数とエロージョン（点蝕・焼蝕）

戦車砲は、射撃により摩耗（エロージョンという）するものであり、砲身にも寿命がある。これを**「砲身命数」**と呼ぶ。「レオパルト２戦車」などが装備する滑腔砲「ラインメタル120㎜戦車砲L44」の命数は約900発、「74式戦車」などが装備する施条砲（ライフル砲）「ロイヤル・オードナンス105㎜戦車砲L7」は約3,000発と言われている。この命数に達したら、砲身を交換しなくてはならない。

また、**砲身および薬室に「点蝕」と「焼蝕」が発生**することがある（**写真3-6**）。点蝕とはエロージョンまたはコロージョンとも呼ばれ、戦車砲の撃発で生じたガスがもたらす化学作用による現象で、砲身内部および薬室に発生した痘痕状の損傷だ。つまり装薬の燃焼ガスで、砲身および薬室が腐食することを指す。

焼蝕は、文字どおり焼けたようになる損傷で、装薬の燃焼ガスが高温となることで生じるが、一般的に点蝕よりも損傷部分の面積が大きい。どちらの現象も広義には「エロージョン」と呼ばれ、施条砲でも滑腔砲でも起きる。戦車砲弾は、装薬の燃焼にともない砲腔内を前進するわけだが、このときに汚れと摩耗が生じる。もちろん**射撃後に砲腔清掃を行う**が（**写真3-7**）、汚れは除去できても砲腔表面の酸化や摩耗は防げない。これが蓄積して点蝕が生じ、点蝕が進行すると命中精度が低下するので、砲身を交換することになる。

点蝕は戦車砲弾の実包（つまり、実弾）でも発生するが、平時の演習時における空包射撃での発生が顕著だ。その原因は、戦車砲の弾薬が実包と空包で成分が異なるためだという。空包の発射ガスは、その残滓（装薬の燃え残ったカス。「ざんし」とも言う）が主として薬室の表面に付着する。これが薬室表面を酸化させ、砲身内部も劣化させる。このため**戦車砲は、射撃後の手入れが不可欠**なのだ。

写真3-6　105mm戦車砲「ヴィッカースL-7」の薬室比較。左が正常な状態、右は「点蝕」が発生した状態

写真3-7　74式戦車の「砲腔清掃」を実施中の乗員たち。戦車砲射撃後の手入れ具合は、砲身命数を左右する（写真：陸上自衛隊）

3-8
戦車の弾薬 ～種類と構造～

現代の戦車が使用する弾薬は、大別すると**「徹甲弾（AP＝Armor Piercing）」系列の弾薬と「榴弾（HE）」系列の弾薬に区分**される。

後述するが、前者は運動エネルギーにより目標を破壊する弾薬で、**「装弾筒付翼安定徹甲弾（APFSDS）」**が主流になっている（**写真3-8**、**図3-11**）。これに対して後者は、化学エネルギーの作用により目標を破壊する弾薬で、**「多目的対戦車（HEAT-MP）」**が主流だ（**図3-12**）。

初期の戦車砲弾には、「徹甲弾（AP）」と「榴弾（HE）」しか存在しなかった。その後、「徹甲弾（AP）」系列の弾薬は、徹甲弾に炸薬を内蔵した折衷型の「徹甲榴弾（AP HE）」や、徹甲弾に被帽をつけて装甲板命中時の跳弾を防ぐ「被帽徹甲弾（APC）」など、続々と実用化されていく。

一方、「榴弾（HE）」は爆風と破片効果により目標を破壊するが、成形炸薬を用いた「対戦車榴弾（HEAT）」が開発され、第二次世界大戦末期までに、各国で採用されるようになった。

成形炸薬弾の原理だが、**炸薬を漏斗（円錐）状に成型して爆発させると、窪みの反対側に穿孔が生じる**。この作用は、1888年に米国の科学者チャールズ・E・モンローが発見したものである。1910年にドイツの科学者エゴン・ノイマンは、**円錐状炸薬の内側に金属製のライナーを取りつけると、さらに穿孔力が増加**することを発見する。

こうすると、起爆により発生した**メタルジェットが1点に集中**し、装甲板を貫徹することができる。これを**モンロー効果**、または**ノイマン効果**とも呼ぶ。発生したメタルジェットが装甲板を貫徹するとき、**「ユゴニオ弾性限界」**という現象が生じるが、それについては次項で解説しよう。

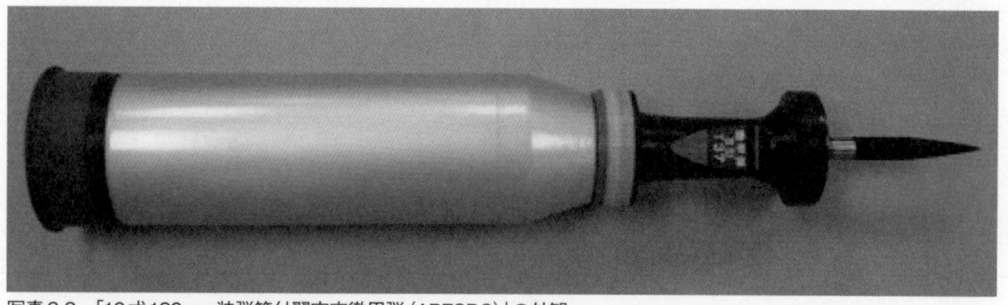

写真3-8 「10式120mm装弾筒付翼安定徹甲弾（APFSDS）」の外観

図3-11　10式120mm装弾筒付翼安定徹甲弾（APFSDS）の構造

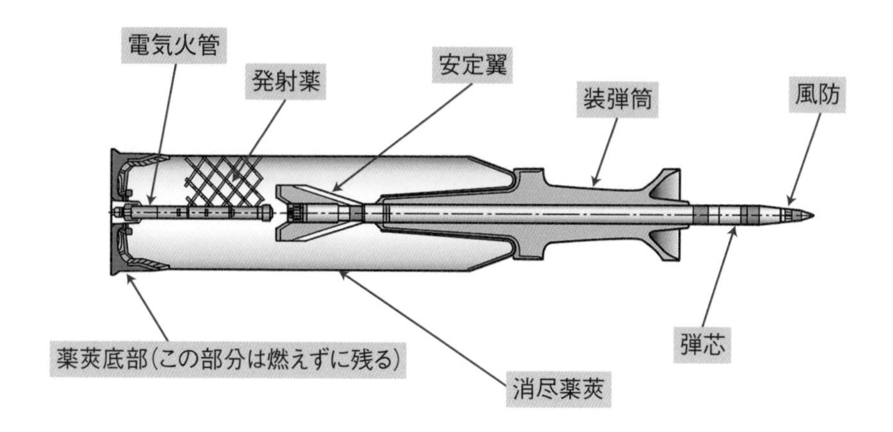

図3-12　HEAT-MP（多目的対戦車榴弾）の内部構造（例：独ラインメタル社のDM12）

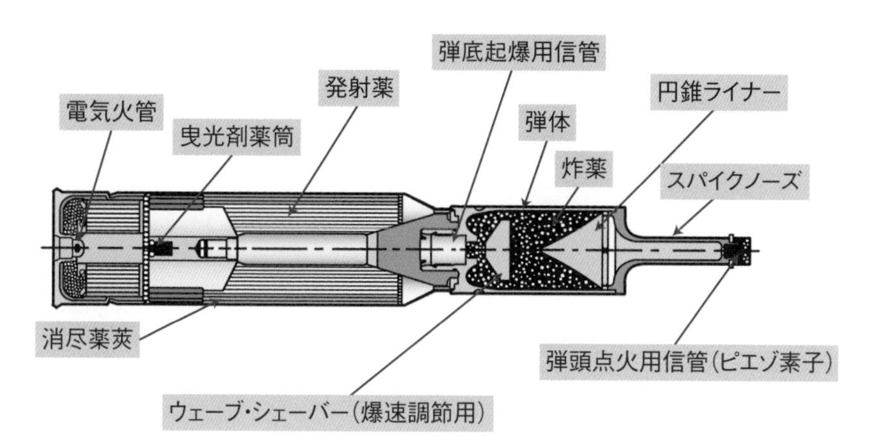

3-9

運動エネルギー弾と化学エネルギー弾～メカニズムと作用～

戦車砲の弾薬は、そのメカニズムと作用により**「運動エネルギー弾（KE弾）」**と**「化学エネルギー弾（CE弾）」**に大別される。前者は、砲弾内部に炸薬が入っていない「徹甲弾」系列の弾薬だ（**図3-13**）。弾頭の芯まで金属でできている、ムクの「実体弾」である。弾頭そのものの質量と速度により、目標を破壊する仕組みだ。

これに対し、後者の「榴弾」系列である弾薬は、構造上の分類では「中空弾」と呼ぶ。中空とは言うものの、中身がまったくないのではなく、中空部分に炸薬が入っている。弾頭の起爆により炸薬が爆発し、目標を破壊するのだ。

さて、装弾筒付翼安定徹甲弾が砲腔からでると、装弾筒（sabot（サボ））が分離しダーツのような弾芯だけが飛んでいく（**図3-14**内の②項写真を参照）。その初速はドイツの120mm滑腔砲L44用弾薬「DM33」を例とすれば、1,650m/秒にも達する。換算すればマッハ4.85だから、F15戦闘機よりもはるかに速い。

この弾芯が敵戦車の装甲に命中すると、タングステン合金や劣化ウランなどで作られた弾芯は、超高圧のために塑性変形を起こす。このとき、個体である弾芯先端が液状化しながら装甲を貫徹していくが、**金属が固体のようにふるまう現象を「ユゴニオ弾性限界」という**。この圧力は弾芯の材質により異なるが、タングステンで3.8GPa（ギガパスカル）（鋼鉄なら、1.2GPa）もの超高圧だ（**図3-14**）。

一方、「榴弾」系列の弾薬としては、「対戦車榴弾（HEAT）」および「多目的対戦車榴弾（HEAT-MP）」が代表的である。HEAT弾は、起爆により発生したメタルジェットが装甲板の1点に集中して貫通するが、これを**「モンロー効果（ノイマン効果とも呼ぶ）」**という（**図3-15**）。また、HEAT-MPは対戦車だけでなく、破片効果を付与しているので、人員に対しても有効なのだ。

図3-13　徹甲弾（AP）の貫徹プロセス

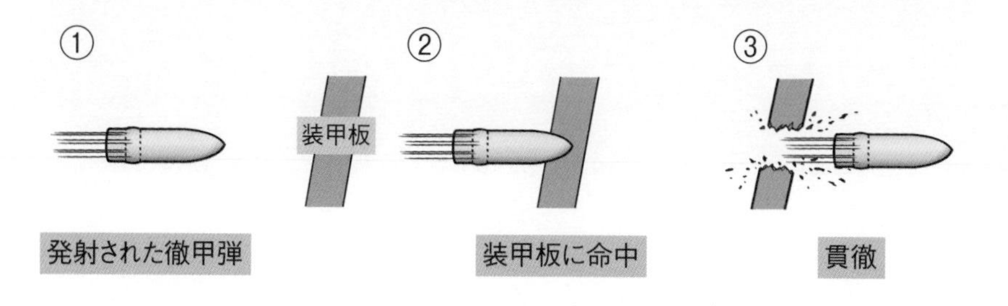

図3-14　装弾筒付翼安定徹甲弾（APFSDS）の貫徹プロセス

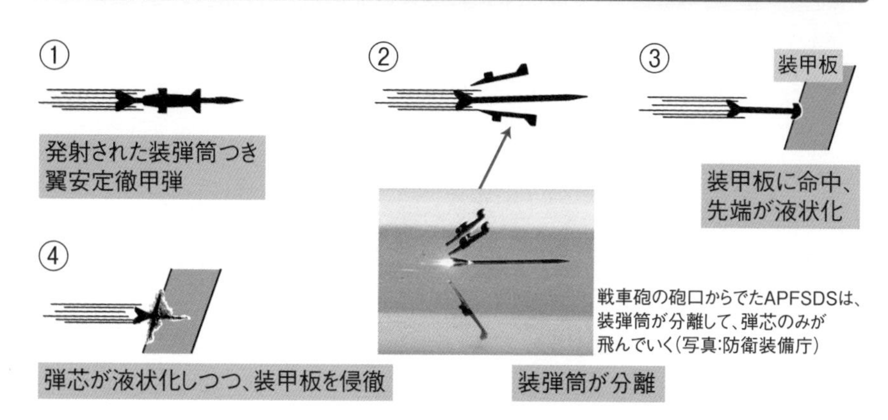

図3-15　HEAT弾の作用とモンロー効果

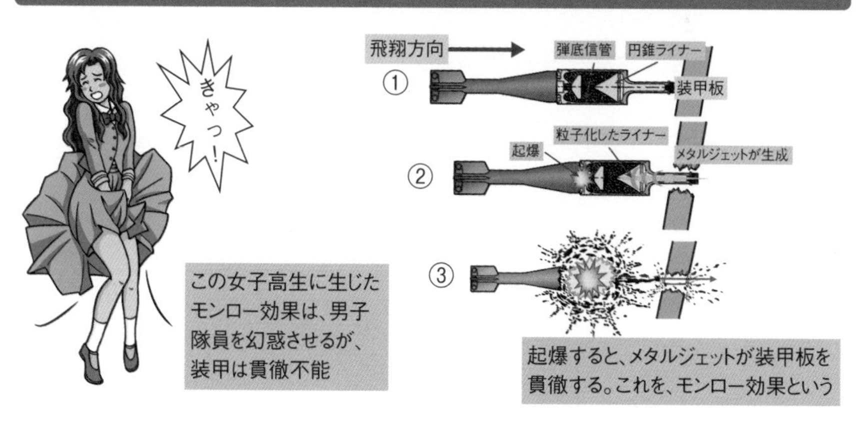

3-10

その他の弾薬 ～劣化ウラン弾から狭窄弾まで～

これまで述べた弾薬のほか、現代の戦車が使用する弾薬にはさまざまなものがある。まず、戦闘用の弾薬として**「劣化ウラン弾」**がある。自衛隊やドイツ連邦軍であれば、APFSDSの弾芯にタングステンを使う。ところが、米英軍は弾芯に劣化ウラン弾を使用する。なぜなら、タングステンよりも比重が高いからだ（**図3-16**）。

ドイツの120mm滑腔砲L44用DM33のタングステン弾芯と比較し、米軍のM829A2の場合、弾芯の重量が4.9kg（DM33は、4.5kg）で貫徹力が約700mm（DM33は、460mm）と強力である。しかし、その一方で、放射線による健康被害（湾岸戦争症候群と呼ばれる）のリスクも高い。

また戦車砲の弾薬には、訓練専用のものもある。平時に行う対抗形式の演習では、音だけで実弾を模擬する「空包」を使用するし、弾頭に炸薬が入っていない「演習弾」もある（**写真3-9**）。

そして**「狭窄弾（きょうさくだん）」は、弾頭がプラスチック製の7.62mm機関銃訓練用弾薬**だ。新隊員の砲手が初めて戦車砲を撃つ前や、実弾射撃を行う際に広い射場を確保できないときは狭窄弾を使い、連装銃（車載機関銃）で撃つ。連装銃は戦車砲と同軸に装備されているので、戦車砲の代用射撃ができるのだ（**写真3-10**）。

こうした方法は、訓練用弾薬が乏しい自衛隊や、広い演習場が存在しない小国（シンガポールなど）の軍隊だけでなく、米軍でも行う。高価な戦車砲弾を節約し、低コストで効率的に訓練を行うためだ。

だから、国防費に恵まれた米軍ですら、訓練でバカスカと実弾を消費しない。戦車砲の射撃予習では空包を使わずに、砲手が射撃号令を復唱し「Fire, Boooom！（撃て、ドーン）」などと叫ぶ。

図3-16　米軍のM829装弾筒付翼安定徹甲弾の外観と断面図

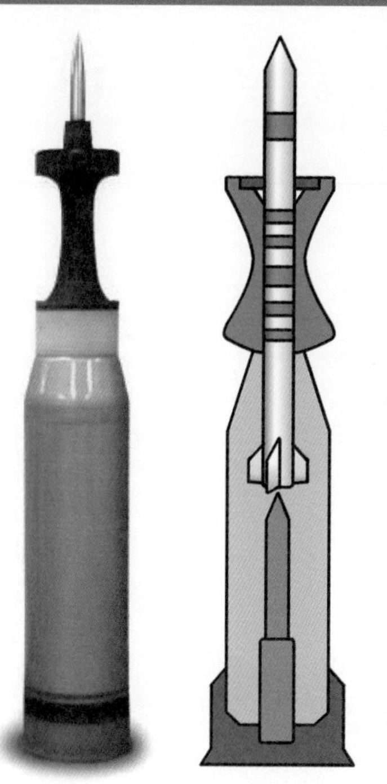

図の白い部分が、劣化ウラン弾芯。劣化ウランの比重は約19と大きく、鉄の2.5倍、鉛の1.7倍だ。このため、同サイズ、同速度でより大きな運動エネルギーを得られる。
しかし、タングステン合金の比重は17.5～18.5で、ウラン合金は18.6だ。したがって、劣化ウラン弾芯とタングステン弾芯を比較すれば、劣化ウラン弾芯のほうがはるかに高比重、というわけではない

写真3-9　戦車砲用の各種演習弾と実弾の弾芯比較。実弾は弾芯が黒色なのに対して、演習弾の弾芯は青色をしている（TP弾という）

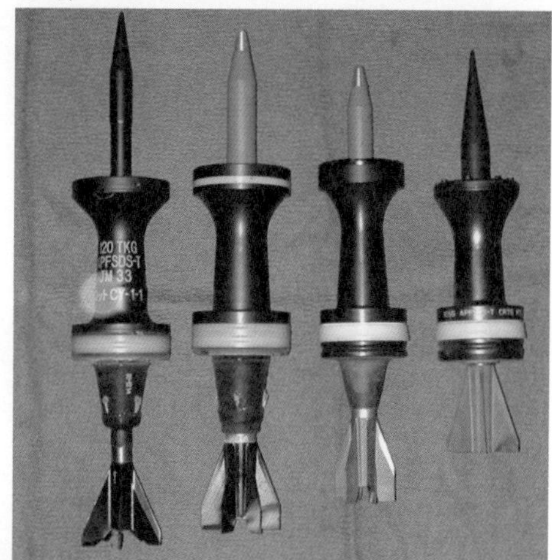

写真3-10　74式戦車による狭窄弾射撃。うっすらとではあるが、射撃の際に生じた白煙が見える（写真：岩手駐屯地Twitter公式動画より）

Tank of Frontline
～ウクライナ侵攻戦②～

ウクライナ軍に供与された、スロベニア軍の「M-55S1戦車」。旧ソ連のT-55戦車を近代化改修したもの

「T-62戦車」は、今や博物館級の骨董品だが、ロシア軍は戦車の大量損耗により本車両を現役復帰させている

ウクライナ軍の「T-64BM戦車」。旧ソ連時代の「T-64戦車」をアップグレードし、現在も使用している

第4章

戦車の防護力

戦車がみずからを防護し、戦場で乗員が生き残る方法には、どのようなものがあるのだろうか。本章では、装甲板などの構造や機能、装甲防御以外の間接防護についても紹介しよう。

米軍のM1戦車は、湾岸戦争などの実戦でイラク軍に撃たれたり、味方に誤射されたりしながらも高い生存性を誇った（写真：米国防総省）

4-1
傾斜装甲と避弾経始

地面に対して垂直な装甲板と、装甲板の角度を斜め45度にした装甲板を比較してみよう。斜め45度にした装甲板は、実際の装甲厚よりも見かけ上の装甲厚が増大する。また、敵の徹甲弾が命中しても、跳飛（滑って跳ねること）効果が得られる。これが**「傾斜装甲」**だ（**図4-1**）。

ある口径の「徹甲弾（AP）」があったとして、それが垂直な装甲板を貫徹する一方で、傾斜装甲は貫徹できないとしたら、戦車砲をより大口径にするか、砲弾の初速を増す必要があるだろう。

このように、本来の装甲厚を傾斜装甲で補い、敵弾が命中しても跳飛するような設計手法を**「避弾経始」**という（**図4-2**）。この概念は、戦間期の1920年ごろから戦車設計に採用されだした。しかし、これは戦艦の装甲防御理論として、既に確立されていたものである。

その後、第二次世界大戦時にはソ連のT-34中戦車や、ドイツのパンター中戦車など、各国の戦車にも取り入れられることになる。傾斜装甲による避弾経始は、第二次世界大戦後もしばらくの間は効果が期待できた。

だが、「装弾筒付翼安定徹甲弾（APFSDS）」の出現で、避弾経始の効果は激減してしまう。たとえば、APFSDSが戦車砲の砲身に斜めから命中した場合、弾着時の角度に関わらず容易に貫通し、反対側へ抜けてしまうほどだ。

このため、現代の装弾筒付翼安定徹甲弾に対しては、傾斜装甲がどれほど厚かろうと、その厚さを無視して貫通されるといってよい。せいぜい、「105mm装弾筒付徹甲弾（APDS）」に耐えられる程度ではなかろうか。ただし、中口径機関砲の従来型徹甲弾には、今なお有効と言われている。

戦車豆知識

戦闘室（せんとうしつ）
戦車の砲塔を含む、車体中央部にある乗員区画。ここに車長以下の戦車乗員が位置している。

図4-1　傾斜装甲の効果

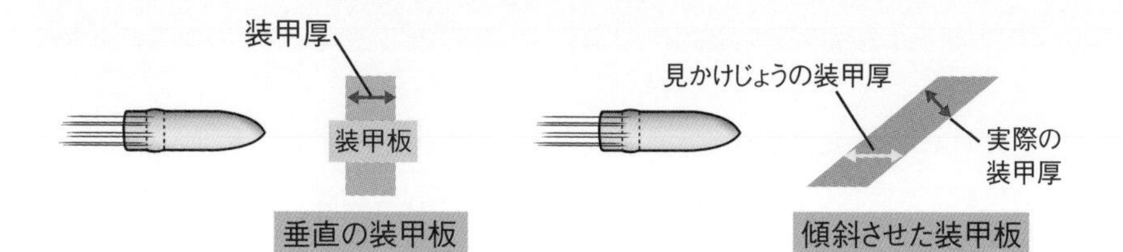

傾斜装甲は、敵弾が命中しても跳飛が期待できる

図4-2　被弾経始のイメージ

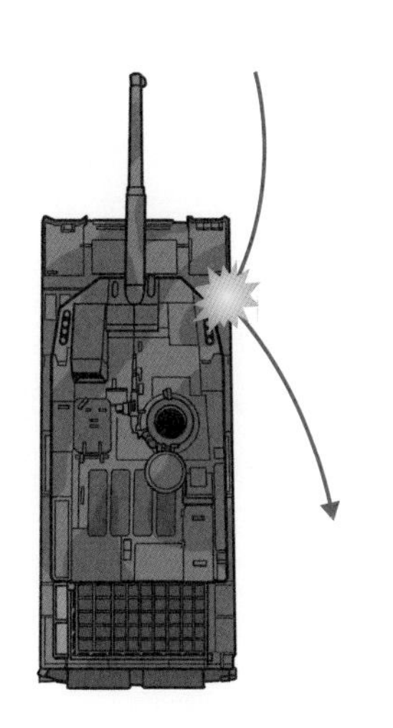

第二次世界大戦ごろまでは、被弾経始により運動エネルギーを利用した徹甲弾に効果があった。
現代では、装弾筒つき翼安定徹甲弾の実用化により、被弾経始の効果は激減している

注:あくまでイメージなので、弾丸の跳飛角は実際とは異なる

4-2 中空装甲と複合装甲

「中空装甲(Spaced Armour=スペースド・アーマー)」は、2枚の装甲板(一般的な圧延防弾鋼板)に隙間を設け、主として「対戦車榴弾(HEAT)」の**メタルジェットを減衰させる効果を狙ったもの**である(**図4-3**)。

「中空装甲」に「対戦車榴弾(HEAT)」が命中すると、外側の装甲板は貫徹されてしまう。しかし、発生したメタルジェットは隙間(中空部分)で乱れて分散し、1点に集中しない(**図4-4**)。

ちなみに、メタルジェット1点に集中するための最適な距離を**「スタンドオフ」**と呼ぶが、中空装甲は「スタンドオフ」の距離が保てないように、2枚の装甲板の距離を工夫した設計をする必要がある。

第二次世界大戦においては、成形炸薬弾が実用化され、「対戦車榴弾(HEAT)」として戦車砲だけでなく、ドイツ軍のパンツァー・ファウストなどの携帯対戦車火器や、果ては吸着式地雷にまで応用された。そこで、これらの成形炸薬弾に対抗するため、各国で中空装甲が着目されるようになる。

一方、**「複合装甲(Composite Armour=コンポジット・アーマー)」**は、2種類以上の異なる材質を組み合わせたもので、現代の戦車で主流となっているものだ。その組成は現在に至るも公表されていないが、圧延防弾鋼板をセラミックスと何層もの樹脂(炭素繊維強化プラスチックなど)で接着して固めているという(**図4-5**)。

1960年代の英国で開発された**「チョバム・アーマー」が元祖**とされ、「チーフテン戦車」の開発時に発明されながらも、同車には採用されていないようだ。その後「複合装甲」は、各国の戦後第3世代主力戦車が採用しているが、材質や構造は明らかにされていない。

図4-3　中空装甲の構造（イメージ）

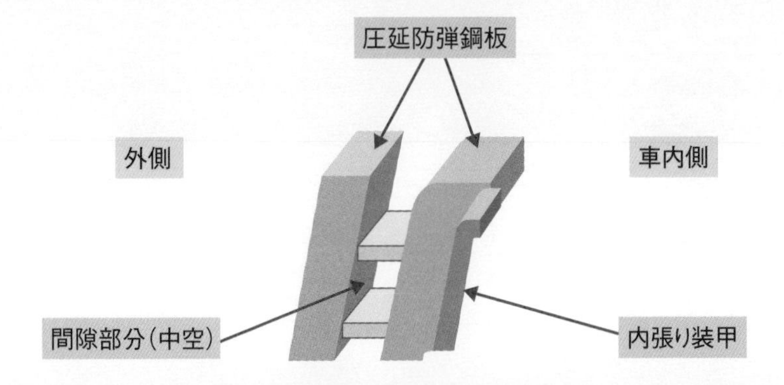

図4-4　中空装甲の効果

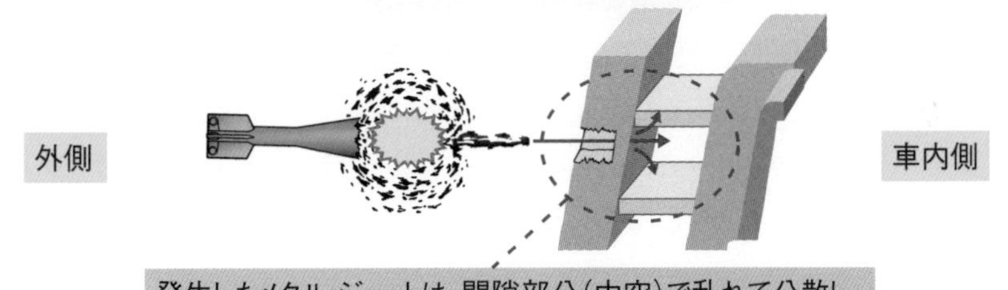

図4-5　複合装甲の構造（イメージ）

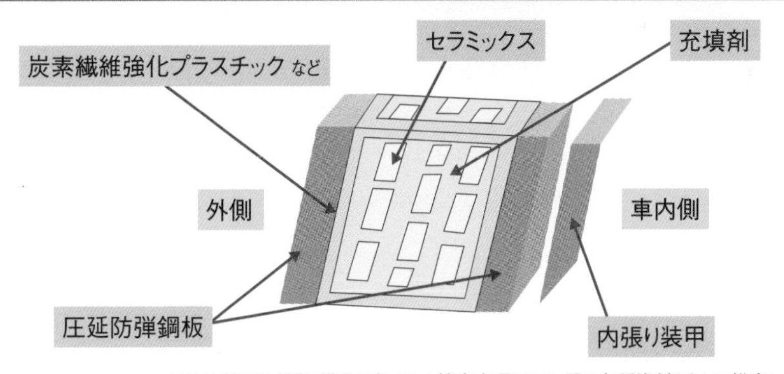

※複合装甲の材質・構造は各国とも機密事項であり、図は各種資料をもとに推定したもの

4-3

爆発反応装甲（リアクティブ・アーマー）

「爆発反応装甲（Explosive Reactive Armour＝エクスプローシブ・リアクティブ・アーマー、ERAと略す）」は、鋼板で作られた箱状の容器に感度が低い爆薬を充填し、砲塔部や車体など戦車本来の装甲の上にボルトづけしたものである。主として「対戦車榴弾（HEAT）」などの成形炸薬弾に有効であるが、「装弾筒付翼安定徹甲弾（APFSDS）」に対する効果は乏しいようだ。

ERA作動の原理だが、容器の蓋が吹き飛ぶと同時に爆風が生じ、**成形炸薬弾のメタルジェットを乱して無力化する**仕組みだ（**図4-6**）。このとき、戦車の周囲に存在する随伴歩兵が爆風や破片に巻き込まれ、死傷する可能性がある。

このため、日本や米国などの西側自由主義陣営ではほとんど採用されていないが（米軍は、M1戦車改修キット「TUSK」として採用）、**ロシアおよびウクライナなど旧東欧諸国では、広く採用されている**（**写真4-1**）。また、旧ソ連およびロシアの影響下にある中国や北朝鮮などでもERAを使用している。

余談だが、「2022年のロシアによるウクライナ侵攻」では、両軍の戦果・損害判定のため、各種の動画や写真が多数公開されている。筆者も色々と調べてみたが、ERA作動時に随伴歩兵が巻き添えになる動画などは見当たらなかった。というか、筆者の検索の仕方が悪いのだろうが、そもそも戦車の周囲に随伴歩兵が存在しない。戦車単独か、あるいは僚車と行動している戦車ばかりが目につく。

そのようなわけで、ERAは戦車本来の装甲防護力を補完する存在として、一定の評価を得ている。現在では、「装弾筒付翼安定徹甲弾（APFSDS）」の弾芯を破壊して無効化することを目標に、新型ERAの研究開発が進められているという。

図4-6　爆発反応装甲の作動原理

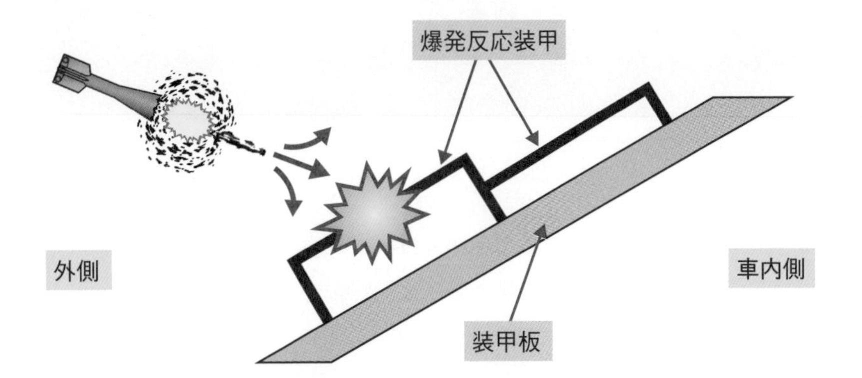

写真4-1　T-84戦車に装着された、ウクライナ初の国産ERA（リアクティブ・アーマー）のニージュ

4-4
ケブラー内張装甲とスラット装甲（ケージ装甲）

ケブラー内張装甲とは、戦車などの装甲戦闘車両に装備された、補助装甲（付加装甲ともいう）の1種だ。別名、**スポール・ライナー**と呼ばれたりもする。現在では廃れてしまった弾種だが、1960年代ごろまで使用された戦車砲弾として、粘着榴弾（HEP、HESH）というものがある（**図4-7**）。この弾薬は装甲板を直接貫徹するのではなく、弾着時につぶれて広がってから装甲板表面で起爆し、その衝撃により装甲板の裏面を剥離する仕組みだ。

戦車の場合、砲塔や車体などにある本来の装甲（増加装甲なども含む）を貫通してきた断片が飛散することもある。**内張装甲はこれを緩和し、被害を極限するためのもの**だ（**図4-8**）。また、たとえ装甲を貫通されずとも、HEPのように装甲板の裏面が弾着の衝撃で剥離・飛散して、乗員や車内の諸装置を傷つけることもある。そこで、戦車などの車内に内張装甲が取りつけられるようになった。

内張装甲の厚さは約20～50㎜で、材質としてはもっとも一般的なのがケブラーだろう。**ケブラーはデュポン社の商標で、正確には「芳香族ポリアミド系繊維」**だが、樹脂でコーティングするなど、色々と工夫がなされている。これは、内張装甲自体が破壊されても、その破片が鋭利になりにくいためだ。こうすることで、弾着貫通時の2次被害を防ぐ。

一方、「ケージ装甲」は柵や格子状をした補助装甲である。ケージとは鳥籠を意味するが、**スラット・アーマー**とも呼ばれる。たいていは応急的に後づけしたものだが、RPG-7など成形炸薬弾を使用した対戦車火器を防ぐのに有効とされる（**写真4-2**）。物理的な装甲防護よりも、対戦車榴弾の起爆阻止や、起爆しても不完爆（不完爆が生じたケースもあるそうだ）に終わることを期待した装甲だ。安価だし、ありあわせの部材を用いれば、戦場でも現地調達することができるのだ。

図4-7　粘着榴弾（HESH）の作動原理

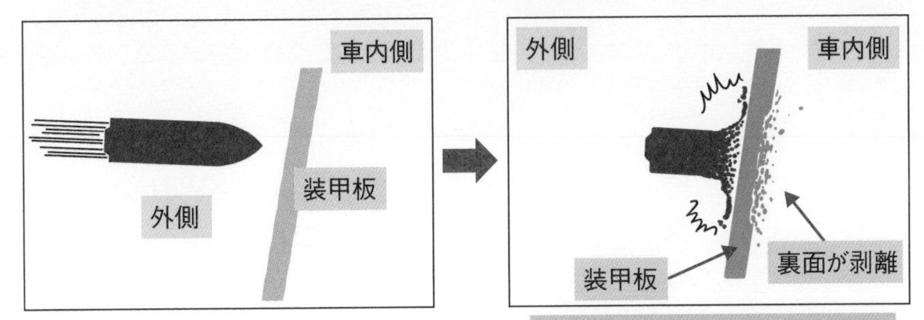

図4-8　内張装甲のイメージ

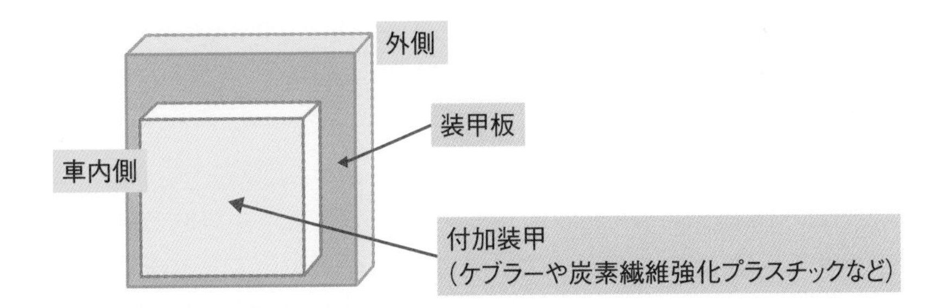

写真4-2　沿道の子供から見送りを受ける、ウクライナ軍BTR装甲車部隊。車体にスラット・アーマーが付加されている
（写真：ウクライナ国防省）

4-5 戦車用装甲板の材質と加工方法

　戦車の装甲防護力は、直接防護と間接防護に大別される。前者は、装甲板の材質や車体形状などを工夫して被害を極言するものである。後者は発煙弾やアクティブ防護システム（後述）などを使用して、敵の照準を困難にしたり、敵の対戦車ミサイルなどを迎撃することを狙ったものだ。

　戦車の装甲板は、直接防護の最たるものだろう。装甲板は、その材質と加工方法により、さまざまなものが存在する。世界初の戦車、**英国の「Ｍ　k.Ⅰ戦車」はボイラー用の鋼板を装甲として用いた**。装甲厚は正面こそ12mmだったが、側面は8mmしかなかった。このため、ドイツ軍のボルトアクション式小銃Gew98でも、徹甲弾（K弾と呼んだ）を使用すれば、容易に貫徹できた。

　最初期の装甲板は、**鍛造加工**だった。鋼鉄の板を巨大なハンマーで叩いて鍛え、整形して作る装甲板だ。その後、鋳鉄を型に流し込んで作る**鋳造装甲**が製造されるようになる。砲塔などの製造に多用されたが、脆くて被弾時に割れることがあり、現代ではまず使用されない。

　装甲板は、加熱処理によって表面を硬化することで、より高い耐弾性が得られる。このため、装甲板の表面に焼き入れや焼き戻しを施す。また、**炭素を添加してから焼き入れする「浸炭装甲」**も開発された。特に、日本陸軍の八九式中戦車は、装甲に日本製鋼所が開発した**「ニセコ鋼」**を用いている（**写真4-3**）。これは、焼き戻しを2段階で行い、表面の硬化と靭性を向上させたニッケルクロム鋼だ（**図4-9**）。

　「圧延防弾鋼板」は、その全体が均質な圧延鋼板で作られたものである。砲塔の鋳造装甲とともに、戦後第２世代の主力戦車に多用された。しかし、圧延防弾鋼板のみでは装弾筒付翼安定徹甲弾に貫徹されるので、現代では、より防護力が高い「複合装甲（後述）」が使用されている。

戦車豆知識

対地攻撃（たいちこうげき）
　おもに攻撃機などにより、地上部隊などを目標として攻撃すること。

写真4-3　日本陸軍の八九式中戦車は、装甲に日本製鋼所が開発した「ニセコ鋼」を用いていた。当時の戦車は、溶接技術が確立されていなかったので、装甲板を鋲接（リベット止め）して製造されていた
（写真：あかぎひろゆき）

図4-9　表面硬化装甲（浸炭処理装甲）のイメージ

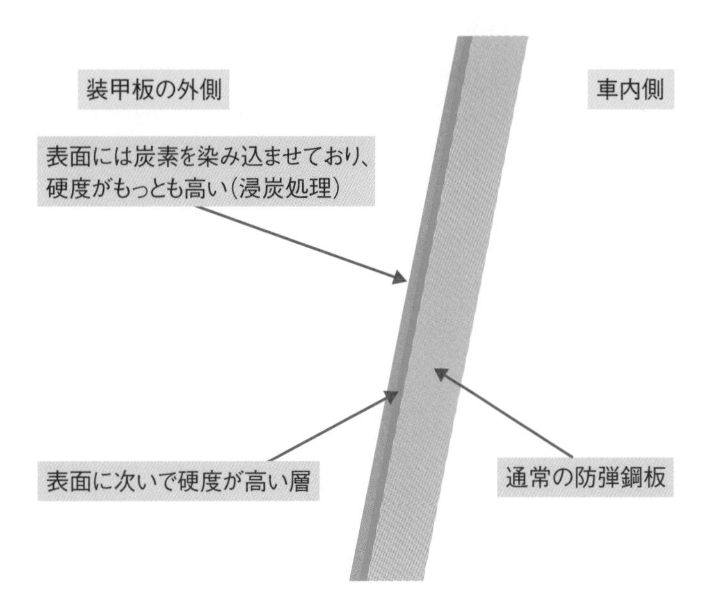

装甲板は、鉄にニッケル、クロム、モリブデンなどを添加して、高温に加熱した巨大なローラーで縦方向・横方向に一定回数伸ばす（圧延という）。こうして製造されるのが均質圧延防弾鋼板だが、それまでは、図のような表面硬化装甲しか存在しなかった。装甲板としては表面こそ硬いが、粘りがないので、脆くて割れやすい

4-6
弾薬庫防爆扉とブローオフ・パネル

M1エイブラムズなど現代の戦車が被弾した際、弾薬が容易に発火・炎上することがある。なにしろ今どきの戦車砲弾は、軽量化のため薬莢はニトロセルロース製だ。この薬莢を「焼尽薬莢（しょうじんやっきょう）」と呼び、戦車砲を撃った瞬間に燃え尽きてしまう。

大気中のニトロセルロースは160℃で発火するので、被弾時に高温となった装甲板の破片などでも、戦車砲弾の内部に充填された装薬に引火する。装薬は一度と火がつくと、不活性ガスを用いた車載消火器でも消えない。こうなると、車内は約800℃もの高温となってしまう。

このため車内弾薬庫には、弾薬の引火・誘爆が発生しても、乗員を防護できる工夫が施されている。その1つは**「弾薬庫防爆扉」**だ。これは、米M1戦車の場合、耐火塗装が施された厚さ28mmの扉で、半自動開閉となっている。膝でボタンを押すと油圧により自動で開くが、閉めるときは手動だ（**写真4-4**）。

このときもし、扉が開いている1～2秒間に弾薬庫に被弾したら、誘爆・炎上してしまう。戦車は気密性が高いが、完全密封されているわけではない。このため、車体の隙間から火の手が上がり、延々と燃え続ける。ただし、こうしたケースは稀であり、心配しなくてもよいだろう。

乗員を防護する2つ目の工夫は、砲塔後部に設けられたバスル部分の即応弾薬庫上部および車体弾薬庫上部にあり、**「ブローオフ・パネル」**という。これは各々の弾薬庫上部にボルトで止められた板で、**弾薬が誘爆した際、上空高く吹き飛ぶように設計されている。この板が吹き飛んで、外部へ爆風および炎を逃がす**（**図4-10**）。実際に、車内弾薬庫防爆扉とブローオフ・パネルは、1991年の湾岸戦争や2003年のイラク戦争でも効果が確認され、乗員の命を救っている（**写真4-5**）。

写真4-4　米M1戦車の車内弾薬庫から、戦車砲弾を取りだす装填手。弾薬庫の耐爆扉が開いている状態
（写真：米国防総省）

図4-10　米M1戦車の弾薬庫防爆扉とブローオフ・パネル

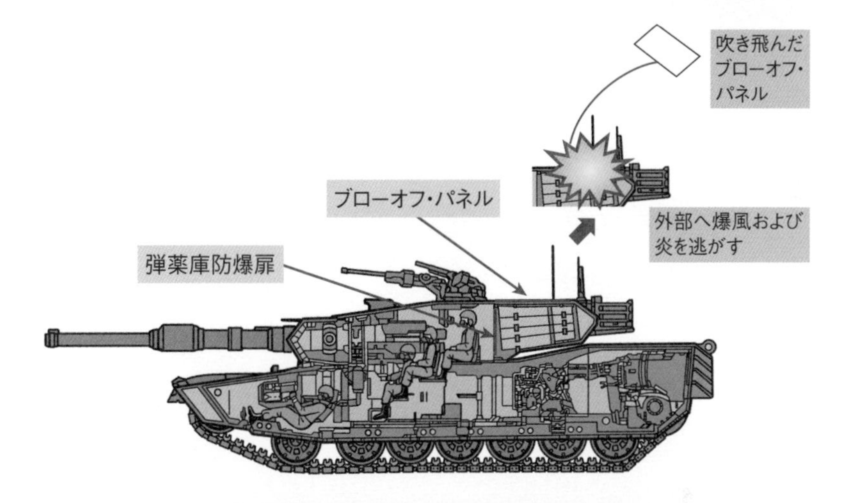

写真4-5　ブローオフ・パネル作動後の米M1戦車。砲塔後部上面のブローオフ・パネルが2枚、吹き飛んでいるのがわかる

4-7

発煙弾発射機とレーザー検知器

発煙と言えば、富士総合火力演習(総火演)の訓練展示後段において、フィナーレを飾るお約束の演出なので、ご存じの方もいるだろう(**写真4-6**)。戦車には**発煙弾発射機(スモークド・ディスチャージャー)(略して、「発発(はつはつ)」)**が装備されているが、これを用いることにより、瞬時に煙幕を展張(「煙覆(えんぷく)」という)できる。

煙覆は、手動による車内からの発射が可能なほか、**レーザー警戒装置**(**写真4-7**)と連動して、自動で発射することもできる。陸上自衛隊の10式戦車の場合、米国製の「Model301MG」レーザー警戒システム(**写真4-6**)が採用されており、発煙弾発射機と連動するようになっている(**写真4-8**)。

今どき、ゴルフなどのスポーツでも、レーザー距離計が普及しており、簡単に距離を測定することができる。現代の戦車も同様で、たいていはレーザー測距機を標準装備している。敵が、我との距離をレーザー光線で測定するということは、次の瞬間には敵に照準され、その直後に撃たれることを意味する。このため、**敵のレーザー照射を検知すると、警報音および車内のモニター画面で乗員に知らせるとともに、発煙弾が自動で発射される**仕組みとなっているのだ。

発煙による車体の煙覆は、主として敵の対戦車ミサイルから回避する際や、敵の攻撃機や攻撃ヘリコプターと不期遭遇して回避する場合に用いられる。発煙弾は、発射されると黄燐(おうりん)が大気中の酸素と反応して燃焼、瞬時に雲状の煙を形成させる。しかし、煙覆効果の持続時間は短い。

また、レーザー警戒装置が警報音を発した直後、次の瞬間には敵から撃たれるわけだから、発煙弾発射と同時に分散したのでは遅すぎる。そこで、警報音が鳴ったと同時に各車は分散するとともに、周辺の地形地物を利用して隠掩蔽(いんえんぺい)を行う。

戦車豆知識

対戦車火器(たいせんしゃかき)

戦車の撃破を目的とした火器。厳密にいえば、ミサイルを含まず、「対戦車兵器」とか「対戦車武器」という呼び方は正しくない。

写真4-6　総火演の後段演習におけるフィナーレを飾る発煙。車両群がいっせいに発煙弾を発射する光景は、壮観のひと言に尽きる（写真：陸上自衛隊）

写真4-7　米国製のModel301MGレーザー警戒システム。発煙弾発射機と連動する仕組みになっている（写真：米国防総省）

写真4-8　10式戦車のレーザー警戒装置および発煙弾発射機

4-8
アクティブ防御システム(APS)

APS(アクティブ防御システム)とはなにか? 簡単に言えば、**主として飛来する対戦車ミサイルを探知し、それを撃墜する防護装置**である。通常、探知にはミリ波レーダーを用いて、無数のパチンコ玉状の迎撃体などを発射、撃墜する仕組みだ(**図4-11**)。しかし、このAPSは、戦車の周囲に歩兵が展開していると、危険で作動させられない。

このため、自衛隊の戦車は採用していないが、近年はイスラエル軍の「トロフィー」や、ロシア軍の「アフガニート」など、諸外国軍の戦車で搭載する事例が増えている。戦車の火力と防護力は「矛と盾」の関係と同様で、常にシーソーゲームのような様相を呈してきた。現状では、戦車の防護力に対して火力が優勢であり、近年は市街地戦闘やゲリラ戦などで、戦車の上部および後部が狙われることが多い。

特に、今どきの対戦車ミサイルは、戦車の弱点であり装甲が薄い上部に対し、**「トップアタック攻撃」**を行う(**写真4-9**)。これに対しAPSは、**対戦車ミサイルの誘導を妨害して無効化する「ソフトキル」**と、**積極的な物理的破壊の「ハードキル」**により、対戦車ミサイルに対抗する。従来は、戦車が急旋回して対戦車ミサイルを回避することができたが、それが困難になってきているのだ。

各国が実用化しているAPSには、ハードキル方式のものが多いが、無誘導の対戦車ロケット弾や、高速な戦車砲弾までも迎撃しようと研究開発が継続されている。今のところ探知手段の主流はミリ波レーダーだが、電波を常時発射していたら、敵に自車の位置を暴露してしまう。そこで、今後はパッシブ式赤外線センサの利用など、受動的探知手段の採用が増えると思われる。

戦車豆知識

弾着(だんちゃく)

銃や火砲のタマが、特定の地点・地域・目標に落下したり、命中したりすること。陸自では、着弾と呼ばない。

図4-11 APS（アクティブ防御システム）の運用イメージ

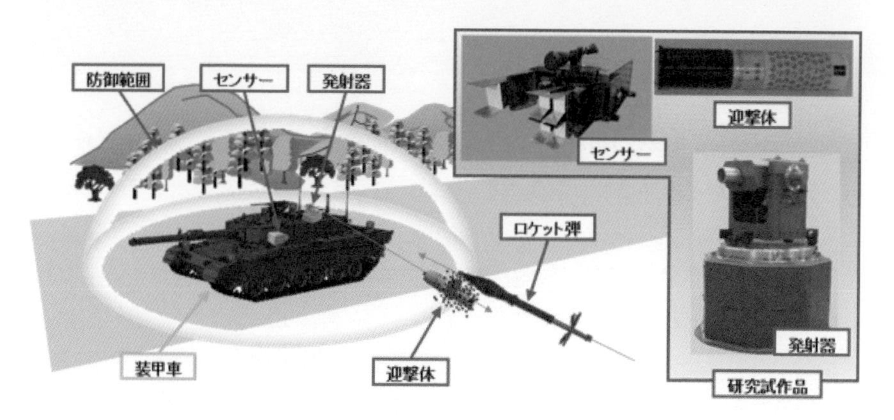

自衛隊の現用戦車にAPSは装備されていないが、研究は行われている（図版：防衛装備庁）

写真4-9 ロシアのT-14アルマータ戦車。戦車の脆弱な上面を防護するため、トップアタック対策を重視した設計である（写真：ロシア国防省）

4-9

IED(即席爆発装置)探知システム

「IED=Improvised Explosive Device(即席爆発物)」とは、ありあわせの資材で製造されたインスタント爆発物で、戦車にとっても大きな脅威となるものだ。

IEDは、通常はゲリラなどの武装勢力が用いるものである。イラクやアフガニスタン、シリアなどでは、戦場に放置された対戦車地雷や、野砲の不発弾を使用して、多数のIEDが製造された(**写真4-10**)。

複数の対戦車地雷や砲弾をひとくくりにし、起爆装置を付加して幹線道路などに仕掛ける。そして、**目標となる軍隊の車列が通過した瞬間に、遠隔操作で爆発させるのが一般的**だ。IEDは路肩に埋設したり、道路のガードレールや中央分離帯の植栽に埋め込んで偽装したりするなど、目視発見を困難にしている。

また、**IEDの遠隔操作による起爆には、家電製品のリモコンや、携帯電話着信時の電波を用いることが多い**。ゲリラがIEDを使用して車列を狙うとき、目標の車列が目視でき、かつ自分に被害がおよばない場所に潜んで起爆操作を行う。このため、起爆操作役のゲリラを発見して拘束したり射殺したりして、IEDの爆発を未然に防止するのは困難だ(**図4-12**)。

そこで、IEDそのものを探知して、起爆前に無力化する方法が各国軍で考えられた。わが国の防衛装備庁でも、「IED走行間探知技術の研究」と称して、高機動車をベースにした試作車が開発されている(**図4-13**)。これは、マイクロ波やミリ波を用いたレーダーと、赤外線センサなどを搭載したものだ。大がかりなシステムゆえ、小型化するのは難しい。将来、これが戦車に装備されるとしても、数年先というわけにはいかないだろう。

戦車豆知識

トーチカ

ロシア語で「点」を意味し、語源については諸説あり不明だが、鉄筋コンクリート製の堅固な防御陣地を指す。

写真4-10　IED各種。IEDは、対戦車地雷や砲弾を流用した即席爆発物である

図4-12　IDEによる被害のイメージ

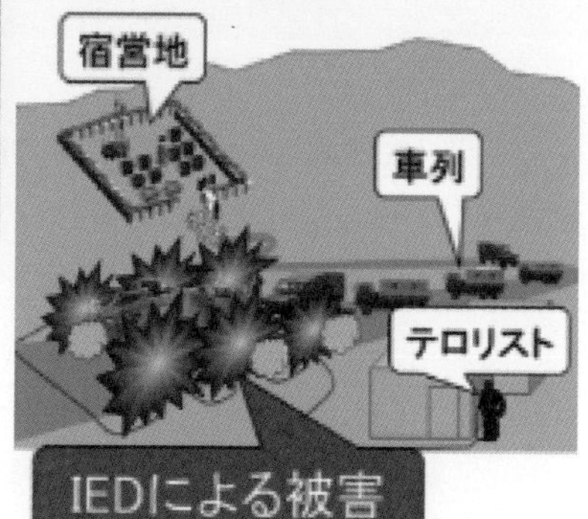

（写真4-12＆13　図版：防衛装備庁）

図4-13　防衛装備庁が研究開発中のIED探知装置の試作品と運用イメージ

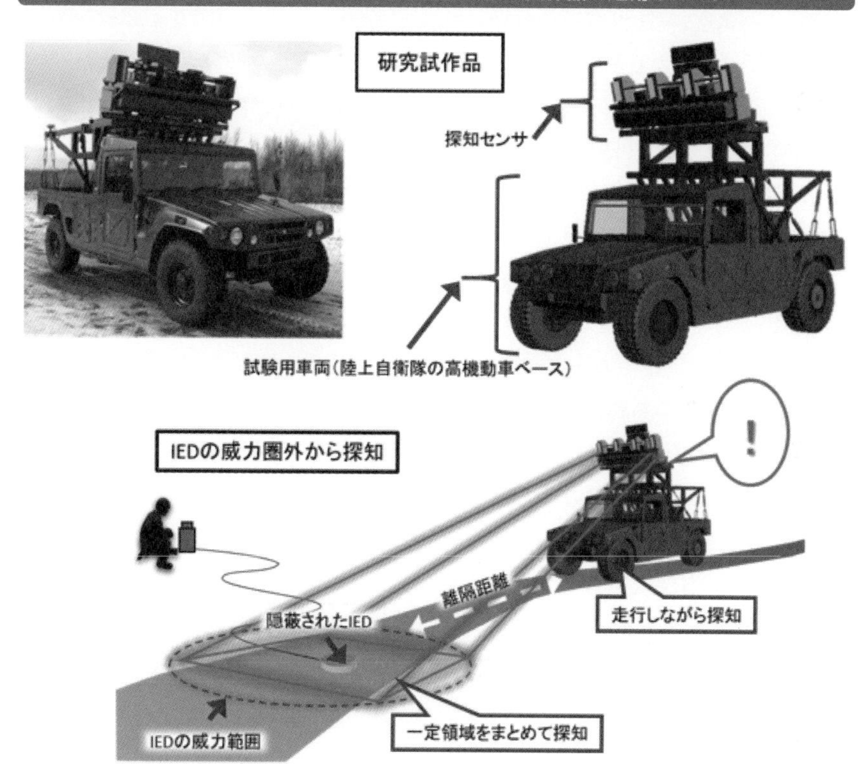

4-10

CBARN防護システム

核武器・生物武器・化学武器を総称して、自衛隊では「特殊武器（世間一般では、特殊兵器と言うが）」と呼ぶ。核武器が原子爆弾のみだったころは、これ（Atomic Bomb）の頭文字を取って「ABC兵器」と称した。その後、水素爆弾が出現して核武器は「Nuclear Weapons」と呼ばれるようになる。

このため、20世紀末ごろまで、核武器・生物武器・化学武器を総称して「NBC兵器（武器）」と呼んだ。**現代では、脅威の多様化により、「CBRNE」と称する**ようになった。これは**「化学（Chemical）」・「生物（Biological）」・「放射性物質（Radiological）」・「核（Nuclear）」・「爆発物（Explosive）」の頭字語**である。

さて、このような特殊武器が存在する以上、戦車も防護を追求する必要がある。国際条約で使用禁止であろうと、ウクライナへ侵攻してきたロシア軍が戦術核兵器を使用しない、とは断言できない。このため、自衛隊や各国軍は敵の特殊武器使用を前提として、平素から訓練を実施している（**写真4-11**）。

陸自や外国軍の戦車がCBRNE状況下で戦う場合、核武器の放射性物質を含んだ塵や、化学武器の有毒化学剤（いわゆる、毒ガス）、生物武器の細菌やウイルスを車内へ入れないことが重要だ。そこで現代戦車の多くは、戦闘室の気密性を高めるなどにより、CBRNE対策を行っている。

74式戦車の場合、戦闘室を航空機のように「与圧」できる。つまり**車内を加圧して、外部の気圧よりも高めることで、放射性物質や有毒化学剤などの侵入を防止する**のだ。これに対し90式戦車以降では、**乗員は防護マスクを装面し、戦闘用防護衣を着用**する（**写真4-12**）。そのうえで、車内に装備されたフィルターと換気装置からなる「**空気浄化装置（図4-13）**」と防護マスクの連結管を接続し、汚染されていない「きれいな空気」を吸う。

戦車豆知識

NATO軍（なとーぐん）

1949年に創設された、北大西洋条約機構加盟国の軍隊。条約加盟国が軍隊を提供し、集団安全保障体制を構築している。なお、創設当初は12カ国、現在は30カ国。

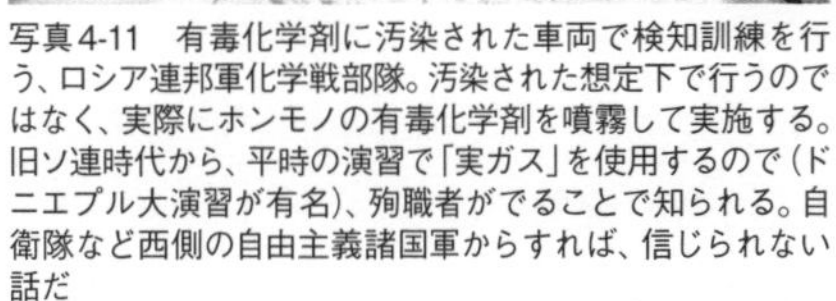

写真4-11　有毒化学剤に汚染された車両で検知訓練を行う、ロシア連邦軍化学戦部隊。汚染された想定下で行うのではなく、実際にホンモノの有毒化学剤を噴霧して実施する。旧ソ連時代から、平時の演習で「実ガス」を使用するので（ドニエプル大演習が有名）、殉職者がでることで知られる。自衛隊など西側の自由主義諸国軍からすれば、信じられない話だ

写真4-12　陸自の「00（マルマル）式防護装備」。防護マスクと戦闘用防護衣から構成される。現在は新型の「18（ヒトハチ）式防護装備」に更新されつつある。90式戦車以降では、乗員は防護マスクを装面し、戦闘用防護衣を着用する。そのうえで、フィルターで濾過された「きれいな空気」を吸う。これを「個人吸気式防護」というが、外国軍の戦車兵も同様だ

図4-14　対NBC防護システム（レオパルト2の場合）

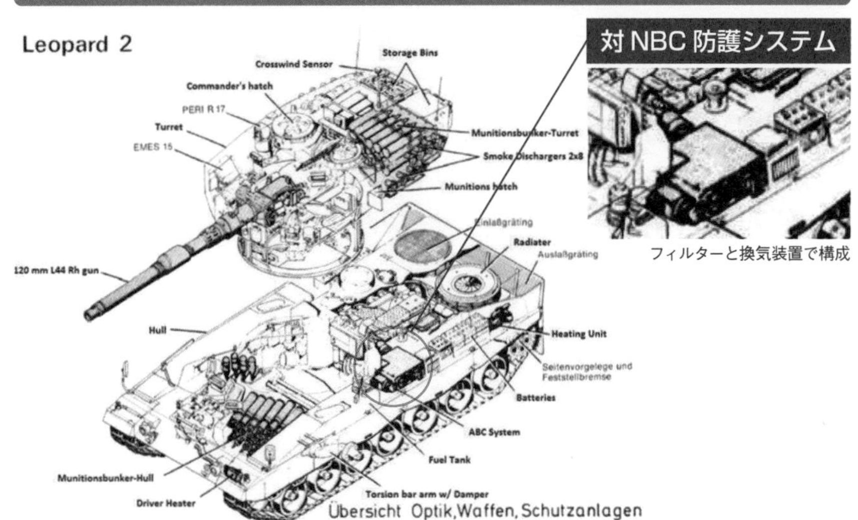

フィルターと換気装置で構成

4-11

びっくり箱現象と旧ソ連系列の戦車

T-72戦車に代表される旧ソ連系列の戦車は、被弾すると高確率で車内の弾薬が誘爆し、砲塔が空中に高々と吹き飛ばされることが多い。この光景を俗に**「びっくり箱」現象**と呼ぶ。

「びっくり箱」は、開くと圧縮されたバネなどが解放され、中から人形などが「ビヨヨヨ〜ン」と飛びだして人を驚かせる玩具だ。この悪戯グッズと同様に、1991年の湾岸戦争では、イラク軍のT-72戦車は砲塔が吹き飛び、見事なまでに多数が撃破されている（**写真4-13**）。

今なお続く「2022年のロシアによるウクライナ侵攻」でも、ロシアおよびウクライナ両軍の戦車に「びっくり箱」現象が起きている。**この現象は、旧ソ連およびロシア系列の戦車に多発しているが、同戦車に特有の現象ではない。**トルコ軍の「レオパルト2戦車（A4型）」も、シリア内戦で砲塔が吹き飛んで、数両が全損しているからだ。

T-64戦車で初採用された「6ETs10型戦車砲用自動装填装置（通称、「コルジナ式」）」は、砲塔直下の同心円状に配置された弾薬を、「ラマー（装填用のロッドやアーム部分）」という部品が次々と装填する構造（**図4-16**）である。このような設計による構造では、弾薬のレイアウトも相まって「被弾＝即、誘爆」となるのも当然だろう（**図4-17**）。

確かに、旧ソ連およびロシア系列の戦車に「びっくり箱」現象が多発し、ことごとく全損・撃破されているのは事実である。当時のソ連戦車を設計した技師たちは、色々と悩んだ末に「これが最良の方法だ」と思ったのであろう。米国なら、また別の方式を考案したかもしれないが、当時のソ連の技術力から言えば、仕方がないと言えるのだ。

写真4-13　1991年の湾岸戦争で、多国籍軍に破壊されたイラク軍のT-72戦車。車内の弾薬が誘爆し、砲塔が吹き飛んでいることがわかる

図4-15　カセトカ式自動装填装置の揚弾機構と動線

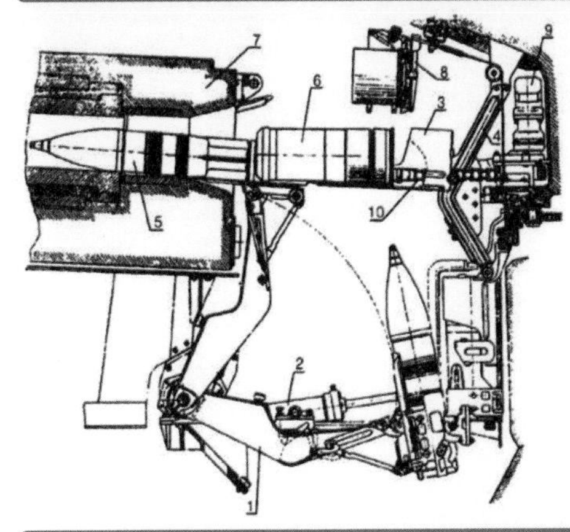

T-64以降のソ連戦車で採用された、カセトカ式自動装填装置の揚弾機構と動線。垂直に置かれた弾頭を90度変換して薬室へ送り、分離式の装薬をセットする複雑な方式

図4-16　T・72戦車の平面構造図

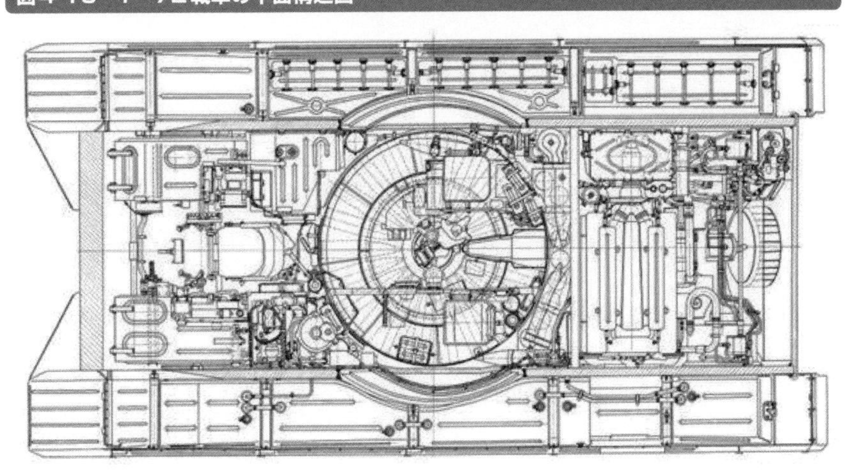

カセトカ式自動装填装置と弾薬のレイアウトを示している

4-12

対戦車地雷の処理および作動方式（その1）

戦車が遭遇する障害には、大別すると**「天然障害」**と**「人工障害」**がある。天然障害とは、通過が困難または不可能な自然の地形や、橋梁などの人工物をいう。一方、人工障害には**対戦車地雷**や対戦車壕、コンクリートや鋼材を利用した対戦車障害などがある。このうちいちばんやっかいなのは、対戦車地雷原であろう。

戦車部隊が地雷原に遭遇した場合は、爆破処理するのが一般的だ。ところが、防御側の敵も計画的かつ巧妙に地雷原を構成するから、地雷密度と地雷原の縦深にもよるが、工兵の支援なくして地雷原の突破は難しい。

対戦車地雷の作動方式は、大別すると**「圧力式」**と**「磁気感応式」**があり、どちらも地表から約8cmの深さに埋設されている（**図4-17**、4-18）。もちろん、埋設作業の痕跡がわからないよう巧妙に偽装するから、車体が損傷してから気づいたり、気づかぬまま戦死したりすることもあるだろう。

工兵が地雷原偵察に用いる「地雷探知機」は、現代では単純な金属探知機ではなく、地質調査に使う地中探査レーダーと同じ原理のものだ。だが、人が携行するサイズの地雷探知機は存在しても、戦車用の地雷探知機はない。水上戦闘艦に潜水艦捜索用の「ソナー」が搭載されているのだから、戦車にも地雷探知機が装備されていてもよさそうなものだが、21世紀の戦車にもついていないのだ。

ところで、**対戦車地雷は、埋設だけでなく空中散布することもできる**。たとえば、陸自の「87式地雷散布装置」であれば、ヘリコプターに装着して空中から36個の対戦車地雷をバラまく（**写真4-14**）。外国軍では、ロケット弾発射機や火砲から投射することも多い。**対戦車地雷にしても、対人地雷にしても、地面に露出しているだけでも敵は迂回するので、行動を阻害できる**のだ。

図4-17　対戦車地雷の埋設および作動方式

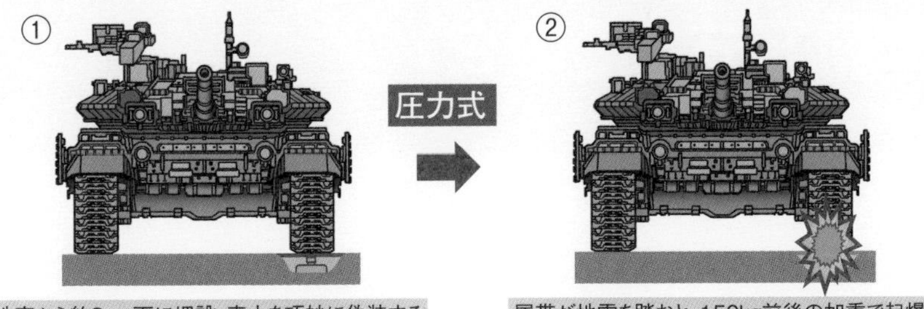

図4-18　対戦車地雷の構造

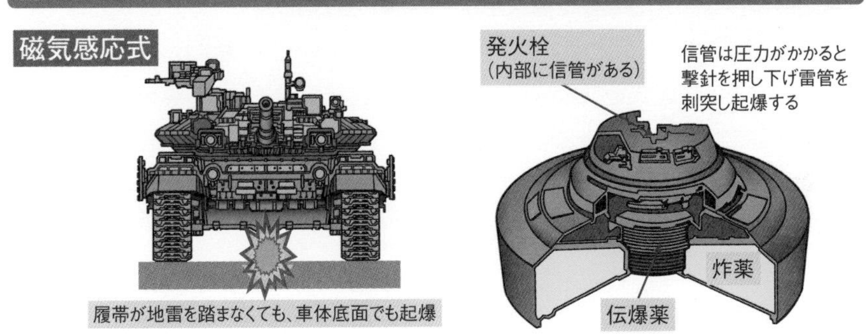

（図版：JMAS－日本地雷処理を支援する会）

写真4-14　87式地雷散布装置から地雷を空中散布する、多用途ヘリコプターUH-1J。地表に地雷が存在するだけでも、敵の行動は遅滞する

4-13

対戦車地雷の処理および作動方式（その2）

前項において、戦車部隊が地雷原に遭遇したときは、爆破処理すると述べた（**写真4-15**）。しかし、地雷原は広大な面積を有するので、存在する地雷のすべてを探知・処分することは、物理的にまず不可能と言ってよい。そこで、戦車が1両通過できる幅だけの地雷を爆破処理して、必要により徐々に拡幅していく。これを**地雷原啓開**と呼ぶ。つまり、**地雷原を通過するための経路を切り開く**わけである。

通常、どこの国でも地雷原処理は工兵の仕事であり、わが国においては施設科部隊が担当する。「92式地雷原処理車」は地雷原啓開を任務とする専用車両であり、施設科部隊のほかに戦車連隊の本部管理中隊（略して、「本管（ほんかん）」でも装備している。この地雷原処理車には、2発の地雷原処理用ロケット弾が搭載されていて、これを用いて地雷処理を行う（**写真4-16**）。

また、ほかの方法としては、**ローラーで踏みつけて爆破する「マイン・ローラー」や、鋤で地雷を掘り起こす「マイン・プラウ」**を用いた地雷原啓開もある。地雷原処理用ロケットは高価であるし、戦車連隊が保有する地雷原処理車が故障または損傷した場合、施設科部隊の支援が必要になる。その際は、戦車部隊が保有する「92式地雷原処理ローラ」を戦車の車体前方に装着、時速15kmで前進するのだ（**写真4-17**）。

こうすると、進路前方に埋設された地雷が次々と爆発して、通路を確保することができる。ただし、重量が12トンもあるので、運搬および取りつけ作業は容易でない。また、92式地雷原処理ローラもいつかは破損するので、小規模な地雷原での使用に限定される。だが、それでも施設科部隊の支援を受けることなく、自隊で地雷原処理ができるのだ。

戦車豆知識

西側（にしがわ）

西側諸国の略。冷戦時代における、米国や西欧、日本などの自由民主主義国家群をいう。

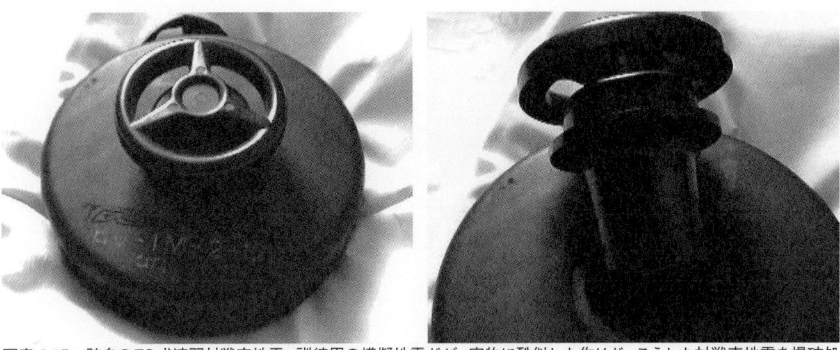

写真4-15　陸自の72式演習対戦車地雷。訓練用の模擬地雷だが、実物に酷似した作りだ。こうした対戦車地雷を爆破処理するのだ（写真：あかぎ ひろゆき）

写真4-16　92式地雷原処理車が、地雷処理用ロケット弾を発射した瞬間。空中で、地雷原処理用ロケット弾から、26個の導爆索が放出される
（写真：かの よしのり）

写真4-17　90式戦車に装着された92式地雷原処理ローラ。もちろん、外国軍もこうした装備を保有しており、必要に応じて戦車に装着できる
（出典：Wiki）

Tank of Frontline ～ウクライナ侵攻戦③～

ウクライナ国産の「T-72AMT戦車」。T-72UAをベースとして、ウクライナが独自に近代化改修を施したもの

旧ソ連軍およびロシア軍系列の戦車には、ERA（爆発反応装甲）が装備されているが、その形状はさまざまだ

ドンバス地方において、小休止中のウクライナ軍戦車クルーたち。車長がカメラを前にガッツポーズを決めている

第5章

戦車の機動力

履帯に象徴される戦車の機動力だが、いかにして戦車は不整地を走破するのだろうか。本章では、戦車の「走る・曲がる・止まる」ために必要なメカニズムについて、個々の部位ごとに検証していく。

ロシアでは、戦車を用いたバイアスロン風の競技会まで開催しているが、機動性を誇示するために高速走行しつつジャンプまでするのだ。しかも、ジャンプ中に空中で射撃も行う（写真：ロシア国防省）

5-1
戦車の機動力、その指標①
～登坂力・超堤力・超壕力～

戦車の「登坂力」だが、**戦車は最大約31度（通常、登坂力は%で表し、31度＝60%になる）の傾斜面を登り降りできる**（**写真5-1**）。ということは、同じ斜度の対戦車堤も突破できることを意味する。対戦車堤とは、人工的な対戦車障害の1つで、工兵部隊などが自然の地形を加工し、土嚢などを追加して作る盛り土だ。コンクリートなどを使用した対戦車堤も存在するが、資材の準備や工事は大変である。これを突破する能力を**「超堤力」**と呼ぶ。この能力は超堤高で表すが、現代の各国軍がもつ主力戦車の場合、車種にもよるが1mほどである。

対戦車堤を乗り越えるには、図のように堤に乗り上げてから、慎重にアクセル（スロットル）を吹かす。堤の頂点に達すると、戦車の車体は重心が前方に移動するので、ここで少しアクセルを緩める。車体の前端が降下し、堤を越える直前にアクセルを吹かし、一気に突破するのだ。**この際の重心転移は慎重に行わなくてはならない**（**図5-1**）。

なにしろ、堤に乗り上げたときにアクセルを入れすぎると、戦車の登坂力を超えてしまい、車体がひっくり返ることがあるからだ。日本陸軍や自衛隊の戦車では、超堤に失敗した事例は聞かないが、第二次世界大戦時のソ連軍は、敵陣の目前で戦車がさかさまに転倒する事故を起こしている。

次に**「超壕力」**だが、これはどれだけの幅の対戦車壕を超えられるか、ということだ。「超壕力」は、戦車の**「接地長」**に左右される。「接地長」とは、**履帯の地面に接している長さ**のことである。**戦車の超壕幅は、実用上で車体長の40%程度**だろう。たとえば、ドイツのレオパルト2戦車の車体長は7.66mに対し、超壕幅は3.0mであり、約39%となっているのだ。

写真5-1　積み上げられた土嚢に乗り上げて、超堤性能を展示中の試製九一式重戦車

戦車は最大約31度（60 &）以内の傾斜面を登り降り可能な登坂力をもつ

図5-1　超堤の要領（イメージ）

①

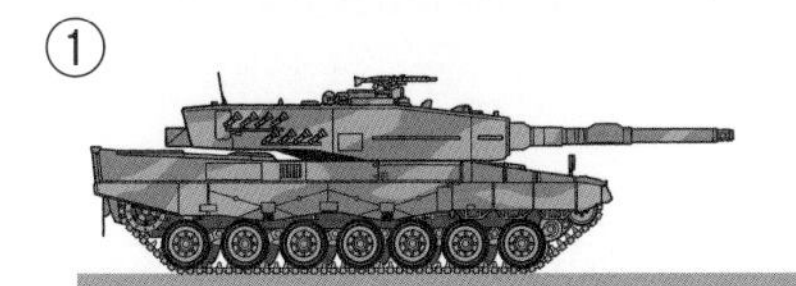

堤の手前で減速し、徐行しながら接近する

②

堤に乗り上げたなら、慎重にアクセル(スロットル)を吹かしていく

③

堤の頂点で車体の重心位置が前方へ転移すると、車体の前端が下降し始めるので、アクセルを調節

④

履帯の前端が地面に接したのを確認し、ふたたびアクセルを開き、離脱

5-2
戦車の機動力、その指標②
～加速力、出力重量比～

前項では、戦車の機動力を表す指標として、登坂力・超堤力・超壕力について述べた。本項では、戦車の**「加速力」**および**「出力重量比」**について解説する。まず戦車の「加速力」だが、**静止状態から時速32kmに達するまでの所要時間**で比較してみよう（**表5-1**）。

ドイツの「レオパルト2A4戦車」の場合で6秒、米国の「M1A2戦車」が7.2秒である。日本の「10式戦車」の数値は未公表だが、5秒台と言われるほどのダッシュ力だ。加速力の数値が1秒や2秒違っても、戦車の総合的戦闘力にさほど影響はない。とはいえ、加速力が低いよりは高いほうがよいだろう。

余談だが韓国の「K2戦車」は、パワーパックが国産か否かで加速力の数値が異なる。国産パワーパックを装備した車体だと8.7秒だが、ドイツ製パワーパックを搭載した車体では、7秒に向上するという。韓国は、戦車のパワーパックを国産化したのだが、不具合が多くて軍の要求仕様をクリアできなかった。結果的に、ドイツ製のデットコピーとなったのだ。

次は**「出力重量比」**である。これは、**単位重量あたりのエンジン出力**を意味する。たとえば「レオパルト2A7戦車」であれば、重量が67トンでエンジン出力は1,500馬力なので、22.39hp/tになる。44トンで1,200馬力の「10式戦車」なら27.27hp/tである。この数値が高いほど性能はよいが、最近の主力戦車は装甲の強化にともない、出力重量比は低下する傾向にある。たとえば、初期型のレオパルト2A4は55.15トンで1,500馬力なので、出力重量比は27.19hp/tだった。しかし、最新型のA7では67トンにも達しているので、出力重量比は22.39hp/tへ低下している。出力重量比が低下しても、より大馬力なエンジンに換装するほどではなく、数値の低下は許容範囲と言えるだろう。

表 5-1　各国戦車の「加速力」および「出力重量比」比較

国				
外観	レオパルト 2 A4	M1A2	10 式	K2
エンジン名称および最大出力	MTU 社製 MB873KaM-501 V 型 12 気筒ターボチャージャーつき水冷ディーゼル・エンジン 1,500 馬力	ハネウェル社製 ATG-1500 ガスタービン・エンジン 1,500 馬力	三菱製 8VA34WTK V 型 8 気筒水冷ディーゼル 1,200 馬力	斗山インフラコア社製 DV27K V 型 12 気筒ターボチャージャーつき水冷ディーゼル・エンジン （※トランスミッションはドイツ製） 1,500 馬力
加速力（0→32km）	6 秒	7.2 秒	5 秒台（推定）	7 秒（8.7 秒）
出力重量比	27.19 hp ／ t	24.15 hp ／ t	27.27hp ／ t	27.27hp ／ t

5-3
履帯（キャタピラ）および転輪、起動輪、誘導輪

図5-2は、米軍のM60戦車（試作車）の**履帯・転輪・起動輪**である。冷戦時代の古い戦車だが、現代の戦車のように側面にスカートがついていないので、各部が明瞭にわかるだろう。

履帯は、第1章でも述べたとおり、**一般にキャタピラという名称で知られるが、これは米国キャタピラー社の商標**である。構造的には、英語でシューと呼ぶ**「履板（りばん）」**をピンで多数連結し、起動輪・転輪・誘導輪を囲むように連なっている。この履帯を回転させて、走行する仕組みだ。

戦車の起動輪・転輪・誘導輪は、回転する履帯を連続的に通過する。これを「無限の道路」に見立てて、**無限軌道と表現することもある**。ちなみに、軌道とは鉄道のレールのことで、無限道路とは言わずに「無限軌道」と呼ぶ。

現代の戦車は、1枚の履板に2本のピンを用いることが多い（**シングルブロック方式**（**図5-3**）・**ダブルピン方式**（**図5-4**））。この履帯が、戦車の機動力を支えている。

さて、21世紀の現代、余程の僻地か未開の山奥でもないかぎり、先進国などまともな国々では、道路が舗装されている。通常、戦車の走行時は、平時・戦時を問わず、舗装道路を利用するのが普通だ。現代の戦車は50～60トンもの重量があり、コンクリートの道路ならそれほど傷まない。しかし、アスファルト舗装の道路を戦車が走行すると、路面が損傷して具合が悪い。

そこで**平時の訓練や軍事パレードでは、履板にゴムパッドを装着して走行**する。ロシア軍や中国軍は、自衛隊のように几帳面とは言えないが、きちんと履帯にゴムパッドを装着する。だが戦場では、悠長に車両を止めてゴムパッドを着脱していられない。道路補修の工兵や民間人作業員が苦労するが、戦車は舗装道路が損傷しようとお構いなしだ。

図5-2　履帯・転輪・起動輪・誘導輪

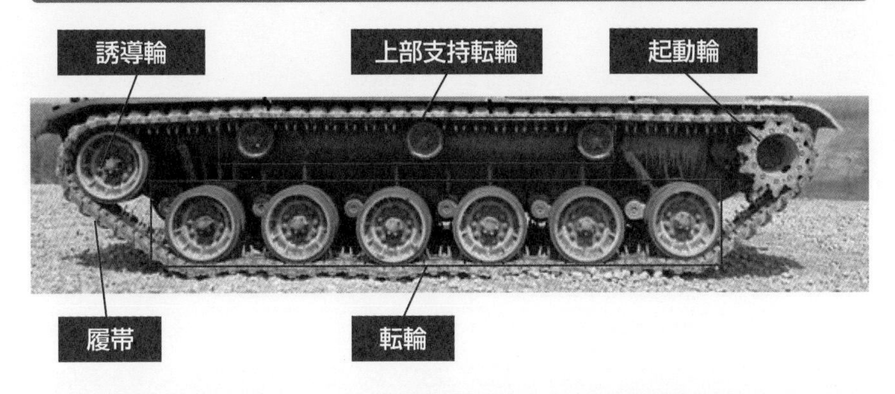

図5-3　シングル・ピン方式の履帯

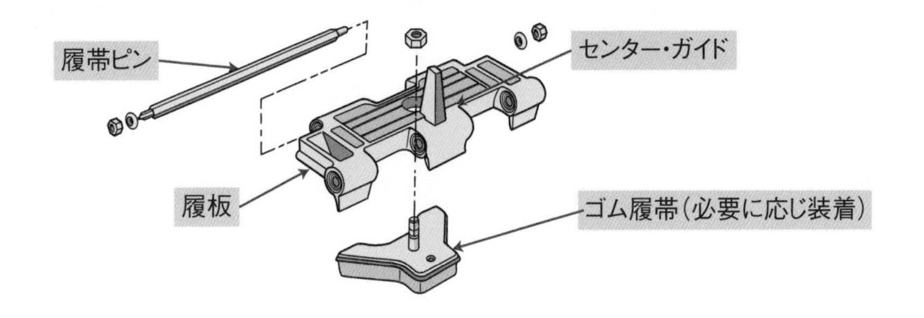

図5-4　ダブル・ピン方式の履帯

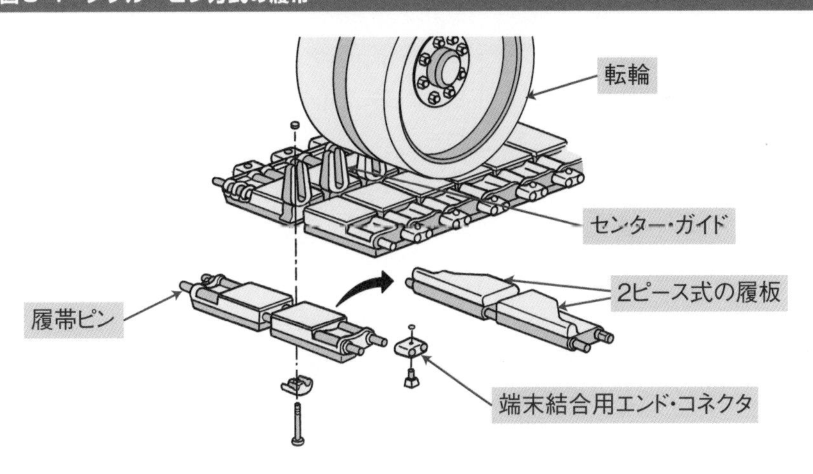

5-4 懸架装置（サスペンション）

懸架装置とは、英語でいうサスペンションである。戦車は、乗用車のような快適性とは縁がない。戦場で生き残るためには、火力と防護力、そして機動力が優先され、乗員の快適性はどうしても犠牲になってしまう。

とはいえ、乗り心地が悪い戦車よりは、サスペンションが効いている戦車のほうがよいだろう。世界初の戦車、英国のＭｋ.Ⅰ（マーク1）には、サスペンションがついていなかった。このため、地形の起伏にあわせて車体が大きく揺れ、戦車兵は大層不快だったそうだ。

その後、フランスの「シュナイダーCA1戦車」が、世界の戦車として初めてサスペンションを装備する（**図5-5**）。このときのサスペンションは、**弦巻バネ（コイル・スプリング）方式**だった。一方、日本陸軍の戦車は、**「平衡式懸架装置（シーソー式）」**をサスペンションに多く用いた。

第二次世界大戦中のドイツ軍は、**トーションバー式サスペンション**を実用化したが、この方式は、現代の戦車で主流となっている。この懸架装置は、別名「ねじり棒バネ」とも呼ばれる。

トーションバー式サスペンションの作動原理だが、この「トーションバー」がねじれると、ねじれた方向と逆向きに、戻ろうとする力が生じる。トーションバーの先端は、車体の外部にあるスイングアームと接続しており、スイングアームもまた、ねじれモーメントに対して反発力が生じる。これを利用して衝撃の緩和を図るのが、トーションバー式サスペンションなのだ。

ちなみに米軍では、懸架装置の種類に関わらず、転輪を「ボギー・ホイール」と呼ぶ。つまり、ボギー式サスペンションでなくても、転輪のことをボギー・ホイールと言うので、実に紛らわしい。

戦車豆知識

ハリコフ攻防戦（はりこふこうぼうせん）

第二次世界大戦時の1941～1943年にかけて、独ソ両軍がウクライナの都市ハリコフを巡り激突した、4次にわたる戦闘。

図5-5 懸架装置（サスペンション）の種類

コイル・スプリング（弦巻バネ）式

例：フランス初の戦車シュナイダーCA1

ボギー式

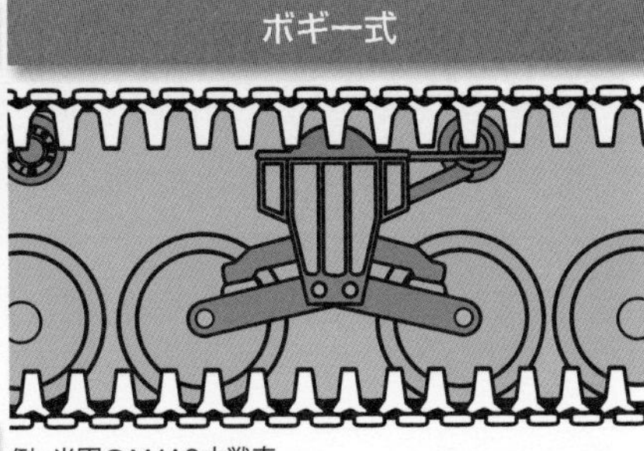

例：米軍のM4A3中戦車

リーフ・スプリング（板バネ）式

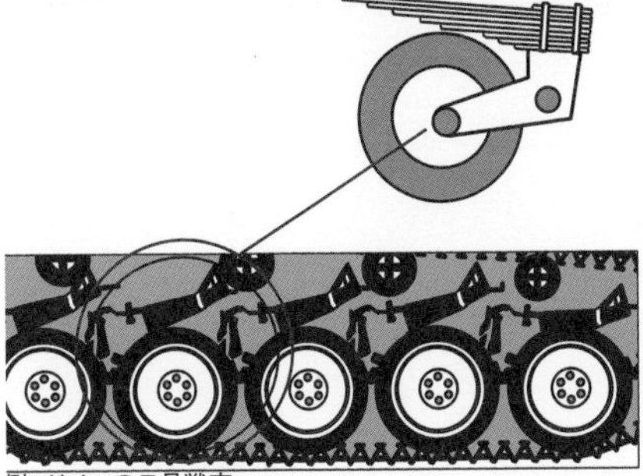

例：ドイツのII号戦車

シーソー式

例：日本陸軍の三式中戦車

トーションバー式

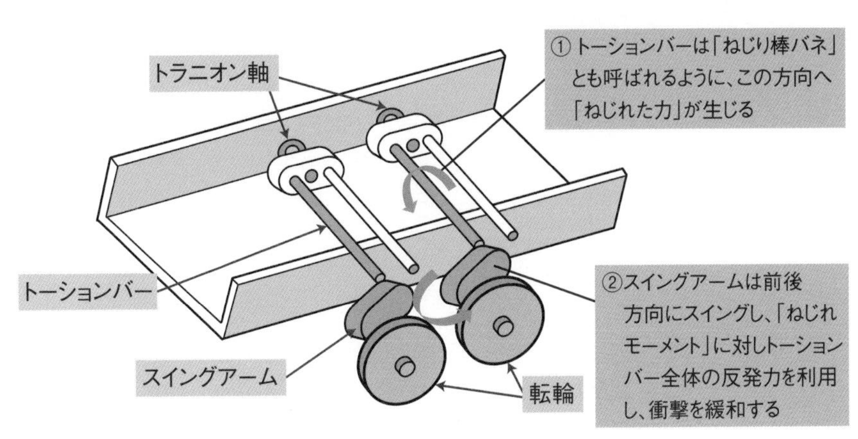

例：ドイツのV号戦車パンター（イメージ）

5-5

戦車のエンジン ～現代の主流はディーゼル・エンジン～

第二次世界大戦当時の戦車は「ガソリン・エンジン」が主流だった。このエンジンは、サイズの割に高出力を得られるが、被弾すると燃料に引火して、弾薬誘爆の危険性があった。

これに対して**現代戦車の多くは、燃料に軽油を用いる「ディーゼル・エンジン」を搭載**している（**図5-6**）。現代の戦車用ディーゼル・エンジンは、**最大出力1,200～1,500馬力を発揮し、50～60トンもの重量がある車体を時速70kmで走行させるだけの能力をもつ**。さらに、燃料の軽油は引火・爆発の危険性も低く、それでいてガソリン・エンジンよりも燃費がよい。

一方で米軍のM1戦車や、旧ソ連およびロシア連邦軍のT-80戦車は、**「ガスタービン・エンジン」**を搭載しているが、戦車用エンジンとしては少数派だ。戦車用ガスタービン・エンジンは、ヘリコプター用のターボシャフト・エンジンと同様に、回転する羽根車のタービンから「軸出力」として取りだし、変速機を経由して起動輪へ伝える仕組みである（**図5-7**）。

M1戦車の場合、燃料に「JP-8」を使用するが、燃費は悪い（8-1項で後述）。この燃料は灯油に似た成分で、軍用の航空燃料「JP-4」よりも、旅客機で使う「Jet-A」に近い。ステルス戦闘機として知られる、米空軍の「F-35戦闘機」と共通の燃料である。

米軍では、陸軍と空軍の共通燃料（一部、海軍や海兵隊でも使用）として用いるが、それだけがメリットだ。戦車も軍用機も艦艇も、すべて同じ燃料であれば、兵站上は都合がよい。しかし、燃費など性能面に直結する短所があるとなれば、戦車用ガスタービン・エンジンが世界的に普及しないのも、当然であると言えるだろう。

図5-6　一般的な現代戦車のディーゼル・エンジン

【性能諸元】

●最高出力：
1,500馬力/2,600rpm
●最大軸トルク：
4,700Nm/1,600rpm
●燃料消費率：
250g/kwh/2,600rpm（460m/L）
●排気量：47,600cc

例：独レオパルト2戦車のMTU社製MB873KaM-501　V型水冷12気筒ターボチャージャーつきディーゼル・エンジン

図5-7　米軍M-1戦車用ガスタービン・エンジン「ハネウェルATG-1500」の内部構造

ハネウェルAGT-1500の外観

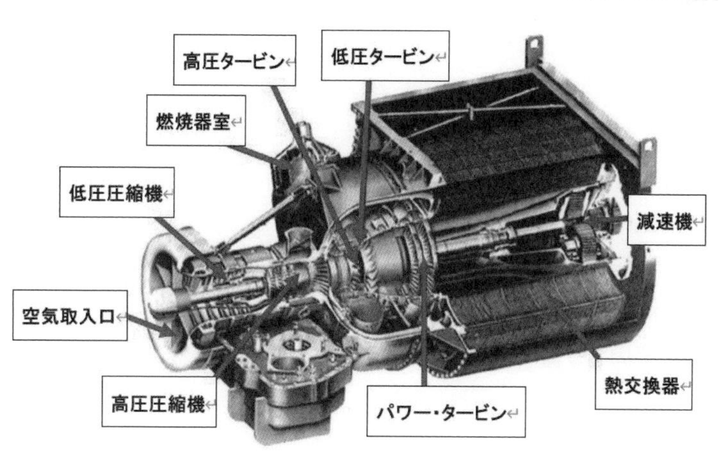

【性能諸元】

●最大出力：1,500hp（馬力）/3,500rpm
●最大軸トルク：2,750lb-ft（フィート・ポンド）（3,754Nm（ニュートン・メートル））
●燃料消費率：226 g /PS/ h（0.24～0.255km/L）
●乾燥重量1134kg、長さ1.629m、幅0.991m、高さ0.807m

5-6

戦車の駆動方式と変速機

自動車の駆動方式を、エンジンと駆動輪の配置関係で言えば、FF（前輪駆動）やFR（後輪駆動）、そして4WD（4輪駆動）などに分類できる。ところが、**戦車には自動車ではまず見かけない、RFという駆動方式が存在した。**

この方式は、米国のM-4戦車をはじめ、当時のドイツやイタリア、そして日本の国産戦車も採用していたものである。**車体後部にあるエンジンからドライブシャフトを介し、車体前方の起動輪を回転させて走行する方式**だ（**図5-8**）。

だが、この方式ではドライブシャフトが存在することで車内が狭くなるし、設計上は車体の重量バランスが偏ってしまう。車体後部にエンジンを配置するので、重心位置を調整するため、どうしても砲塔を車体前方寄りにレイアウトせざるを得ないのだ。また、車高も低くするのは難しい。

この点、**現代の戦車はたいていがRR**であり、**エンジンと変速機が一体型になったパワーパックを搭載**している。この戦車の変速機だが、第二次世界大戦当時の戦車は自動変速ではなく、手動変速だった。

前述のとおり、米国のM-4戦車は車体後部にエンジンがあり、車体前方のトランスミッションを介して起動輪を駆動し、手動変速で走行する仕組みだった。当時の各国には、両装置とも小型化するだけの技術はない。また、エンジンと変速機を一体化する設計概念もなかった。

それは、ドイツやソ連なども同様だった。しかし、米国はM-26パーシング重戦車でパワーパックを実用化して、他国に先んじたのである。**第二次世界大戦後の1960年代には、ドイツなどヨーロッパ諸国の戦車も、軒並みパワーパックを搭載した後輪駆動の戦車になった。**もちろん、パワーパックの換装にはクレーンが必要だが、比較的容易にできるという（**写真5-2**）。

図5-8　米陸軍M4A3戦車の駆動方式はRF（左図）なのに対しM1戦車（下図）はRR

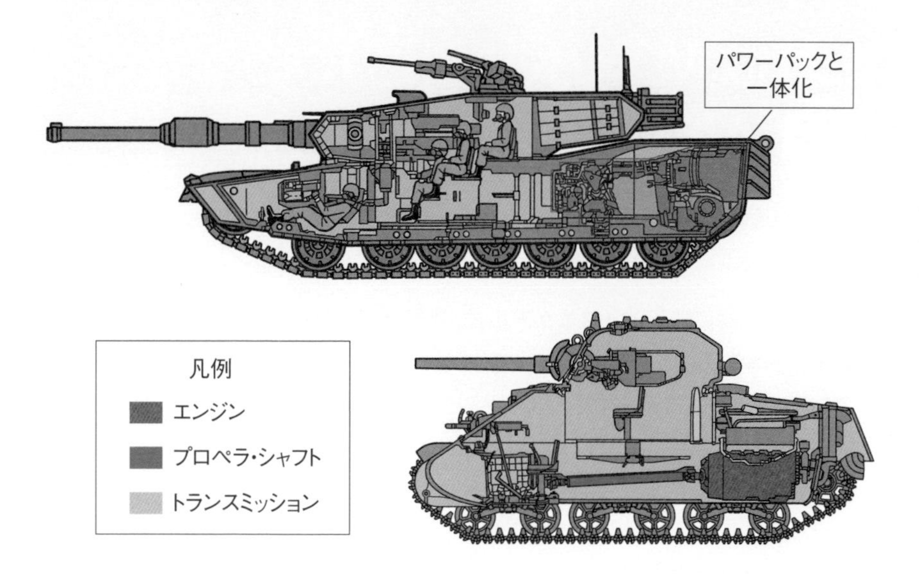

写真5-2　パワーパック換装中のM-1戦車（写真：米海兵隊）

5-7

戦車の変速機 ～昔はMT（手動変速）、今はAT（自動変速）～

戦車の変速機には、MT（マニュアル式、手動変速）とAT（オートマチック式、自動変速）がある。現代の戦車は、その多くが**トルク・コンバーター式**の自動変速である。自動車の自動変速機は、トルク・コンバーター式からCVT（連続可変式自動変速）またはDCT（二重クラッチ式自動変速）と呼ぶ方式へと進化したが、戦車も同様だ。これにより、トルク・コンバーター式自動変速機に特有の変速ショックがなくなった。

CVTは歯車を使用せず、金属製のベルトとプーリー（滑車）を使う無段階変速方式である。日本の自動車で主流の自動変速方式だ。一方、手動変速機と同じ構造の変速機にクラッチを二重に組み込んだものがDCTだが、これはヨーロッパで主流となっている。**10式戦車の自動変速方式は、このどちらでもない世界初の方式を採用した**（**図5-9**）。

この方式は、油圧式の無段階変速機である**「HST（Hydraulic Static Transmission）」**に遊星歯車を組み合わせた**「油圧機械式トランスミッション（Hydraulic Mechanical Transmission＝HMT）」**と呼ばれるものだ。ホンダのオートバイに採用されていることで知られるが、これはCVTの一種である。

トルク・コンバーター式にせよ、CVT 方式にせよ、出力軸からトランスミッションを介して動力伝達する以上、どうしてもロスが生じてしまう。このロスをいかにして減少させるか。トルク・コンバーター式自動変速機は、有段変速なので、シフトアップやシフトダウンの際に「ガクッ」という変速ショックがある。しかも、その際に起動輪への軸出力が一時的に低下する。これに対して**HMTは、軸出力の立ち上がりが早く、なおかつ高い軸出力を維持できる**点でも有利なのだ（**図5-10**）。

図5-9 油圧機械式無段階変速操向機の概要

①無段階変速部（ポンプモーター）および②有段変速部の回転を③合成部（遊星歯車機構）によって合成することにより、連続的に速度費を変化させる機構

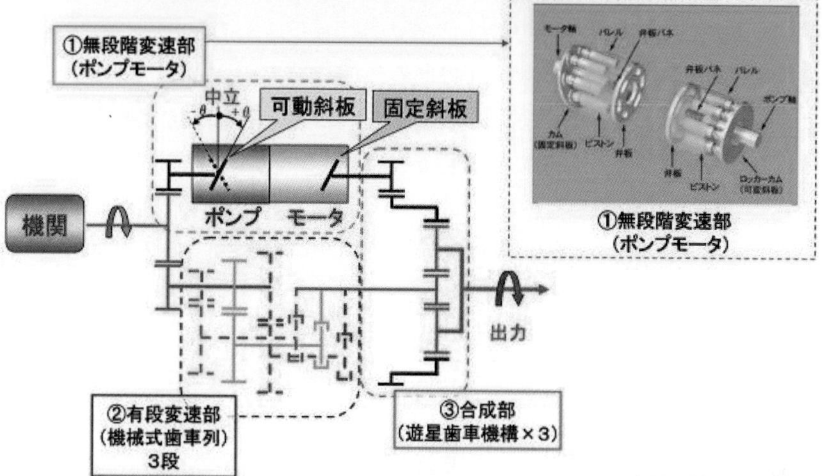

（図版：防衛省技術研究本部）

図5-10 軌道輪軸出力特性比較の例

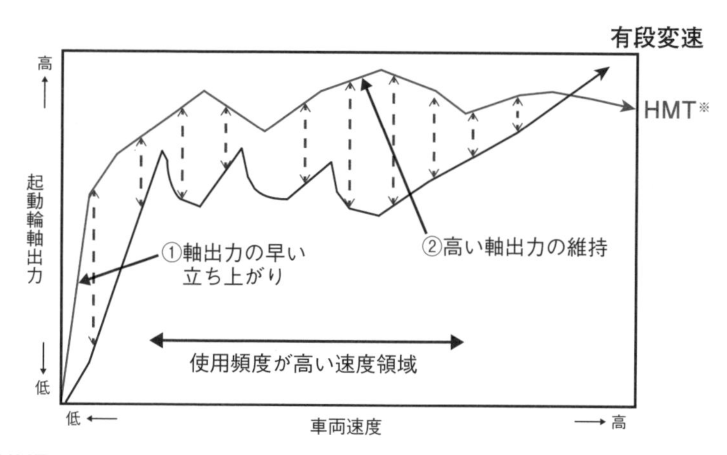

※HMT：Hydro-Mechanical Transmission 油圧機械式無段階自動変速操向機

（図版：防衛省技術研究本部）

5-8

操縦席および操縦装置

戦車の車内は総じて狭いものだが、現代の各国軍が装備する主力戦車において、もっとも苦痛に感じる乗員は操縦手であろう（**図5-11、次ページ図5-12**）。なんせ、戦車の操縦席は狭いだけでなく、**米軍のM1戦車や、日本の10式戦車などの場合、乗車間は長時間リクライニング姿勢を強いられる**からだ。

この姿勢は、傍から見ると楽なように感じる。だが、極限状態で連続した作戦行動が続くと疲労困憊し、居眠り運転的な操縦をしかねない。ちなみに写真は訓練用シミュレータの操縦席だが、実車と同様である。

次に、操縦装置だ。現代戦車は、オートバイのような棒状のグリップつきTバー型操向ハンドル（米軍のM1戦車や、日本の90式および10式戦車）か、アルファベットのD型をしたステアリング・ハンドル（独レオパルト2戦車や、イスラエルのメルカバ戦車）などで操縦を行う（**写真5-3**）。

第二次世界大戦中の戦車などは、土木建築用のショベルカーなどと同様に、左右各1本のレバー・ハンドルで操縦した。旧ソ連のT-64からロシアのT-90までの戦車や、英国のチャレンジャー2戦車もそうだ。ステアリング機構の構造が、ほかの戦車と異なるので仕方ないが、現代の感覚では、少し古めかしい。

また、現代の戦車は自動変速が常識であるが、10式戦車にはアクセルペダルがついていない。操行ハンドルにはスロットルがついていて、オートバイを運転するときのように、これをひねることにより加減速ができる。

さらに、**10式戦車の場合は操縦手の足元にブレーキ・ペダルすらなく、ブレーキ操作も操向ハンドルで行う**。このため、操縦感覚はオートバイに近いそうだ。だから、任務でオートバイを操縦する偵察隊員や、プライベートで私有車のバイクに乗る隊員なら、10式戦車の操縦も覚えやすいだろう。

戦車豆知識

東側（ひがしがわ）

冷戦時代における、ソ連および東欧諸国、中国やキューバなどの社会主義・共産主義国家群をいう。

図5-11　M1戦車の操縦席

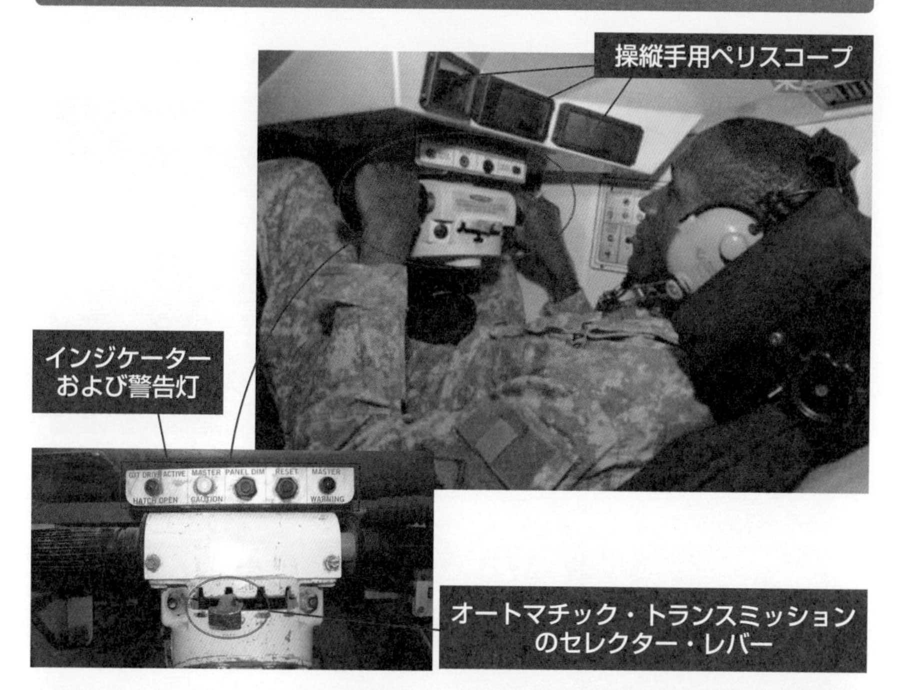

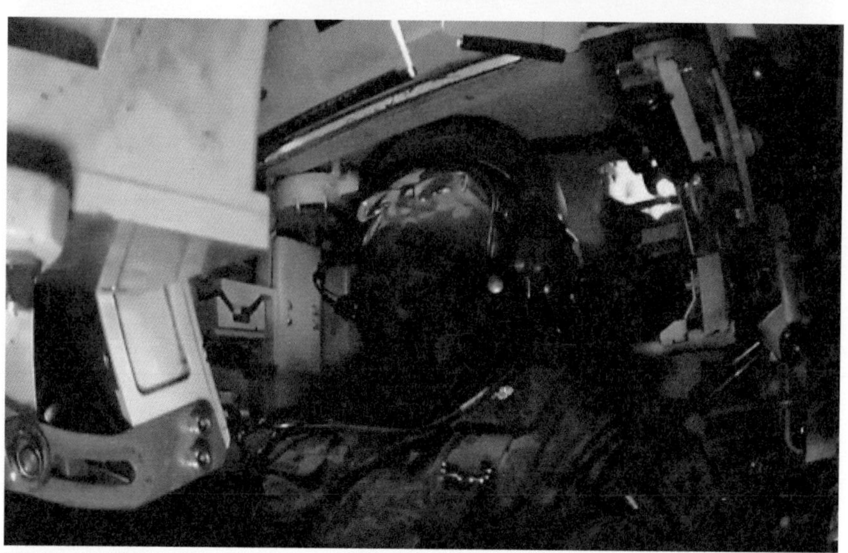

写真5-3　10式戦車の操縦手も、リクライニング姿勢で着座して操縦する（写真下：陸上自衛隊公式Twitterより）

図5-12　現代戦車の内部構造および乗員レイアウト

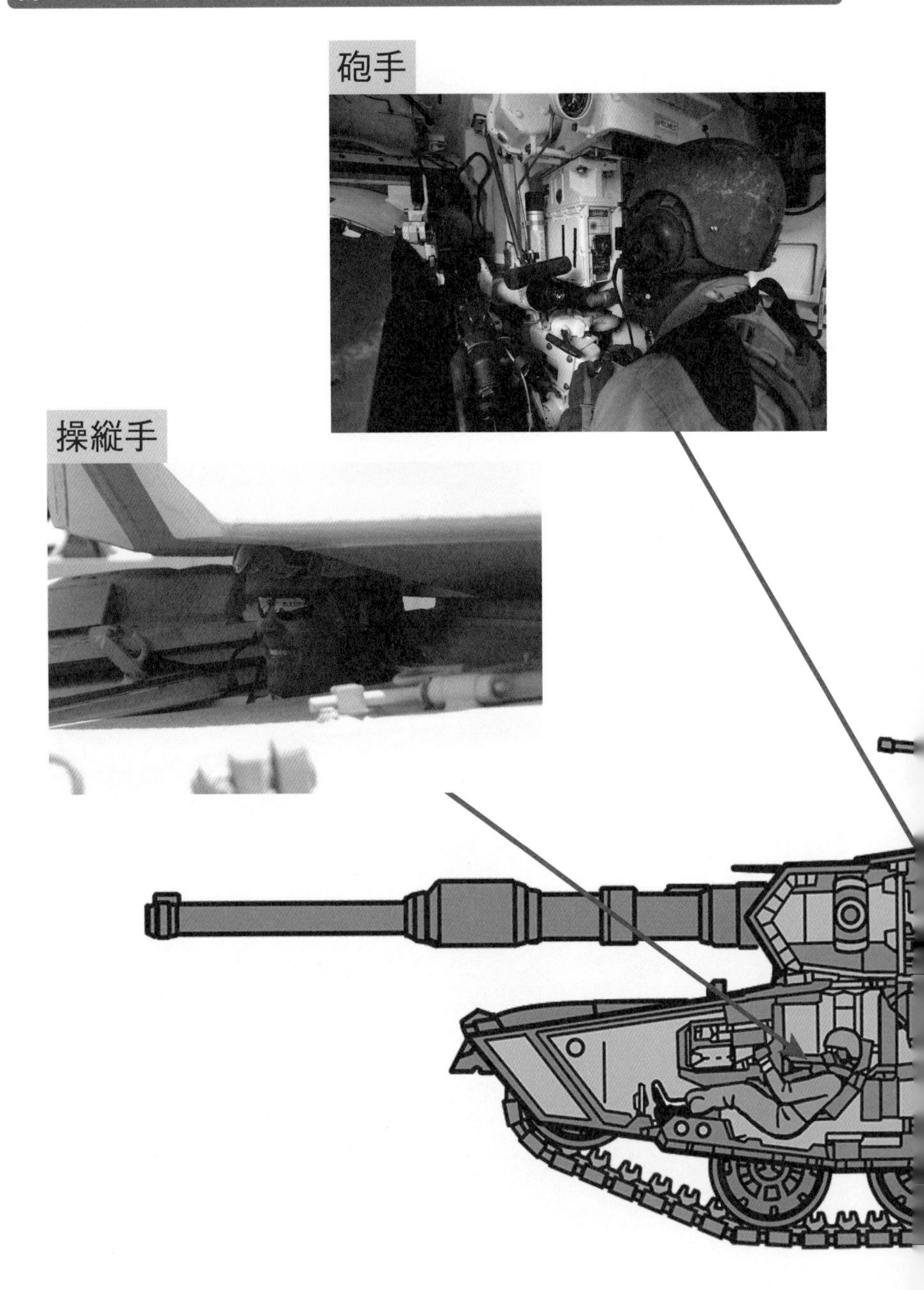

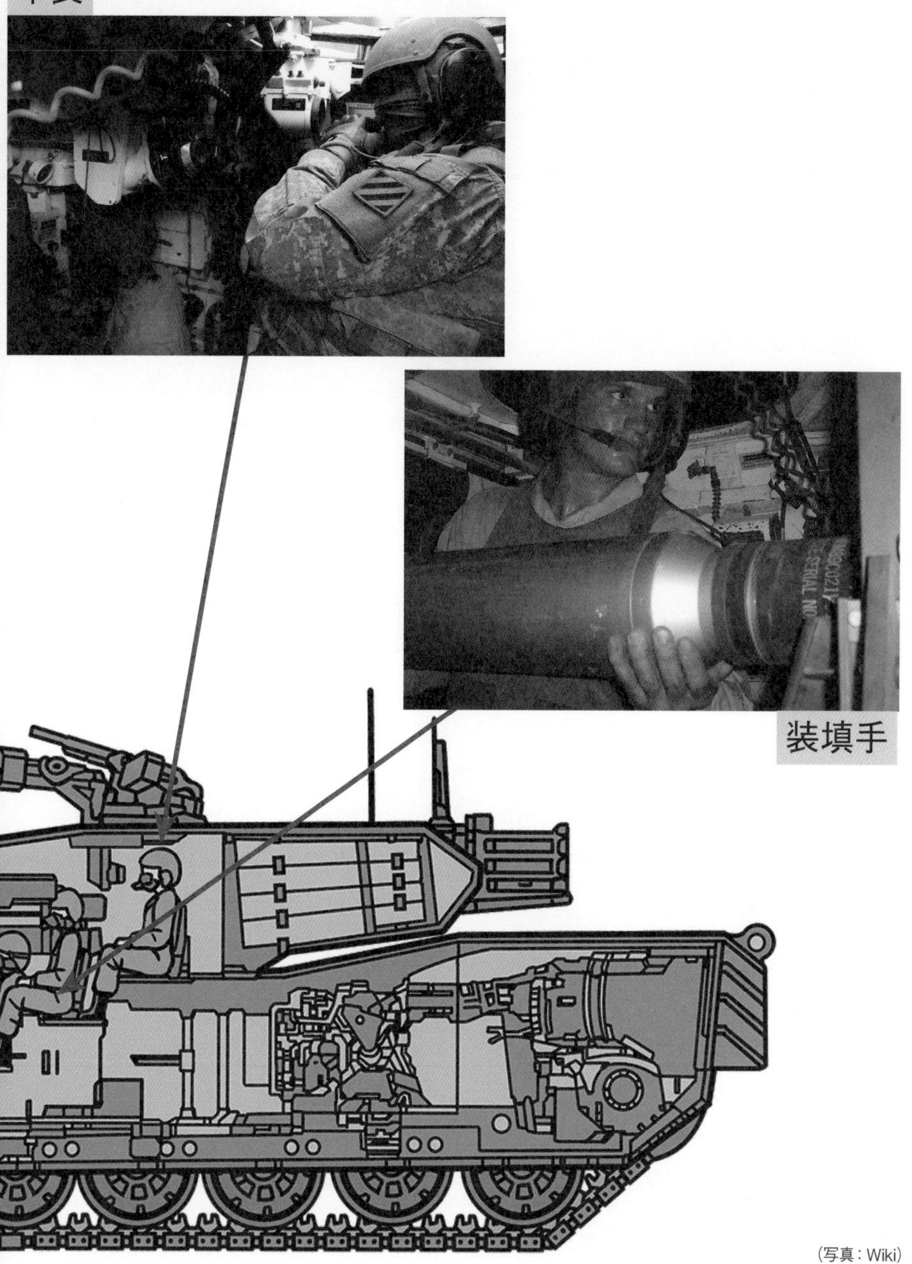

（写真：Wiki）

5-9
戦車の信地旋回と超信地旋回

自動車のように、タイヤ式の装輪車両は、ステアリング・ハンドルを回すと、前輪が任意の方向へ曲がり、右左折することができる。これに対して戦車の場合は、履帯や転輪を右左折する方向へ曲げる（角度を変える）ことはできない。その代わり、**戦車は左右の履帯のどちらか一方を停止させたり、あるいは左右を逆転させたりして、横滑りによる操舵で旋回を行う。**

戦車が左右に旋回する場合、履帯の片方を停止させ、この履帯の中心を軸に回る。これを**「信地旋回（しんちせんかい）」**という（**図5-13**）。たとえば、ある戦車が「信地旋回」で右へ旋回する場合、右側の履帯を停止して、左側の履帯のみ前進方向へ駆動させる。このとき、旋回の中心点は左側の履帯の中央部に位置するので、旋回半径はやや大きくなる。

これに対し**「超信地旋回（ちょうしんちせんかい）」**は、左右の履帯を各々逆方向に同じ速度で駆動させ、車体の中心を軸に回る（**図5-14**）。ある戦車が「超信地旋回」で右へ旋回するとしたら、左側履帯は前進、右側履帯は後進にする。そして、左右の履帯を同じ速度で駆動させると、「信地旋回」よりも小さな半径で旋回できるのだ。

と言うよりも、その場から移動することなく旋回できるのだから、旋回半径は最小だ。「超信地旋回」は、車体を180度旋回させての「回れ右」はもちろん、その場で360度、クルリと1回転することもできる。

超信地旋回は、信地旋回よりも迅速に左右の旋回が可能で、反時計回りの方向、すなわち左回りもできる。これらの装軌車に特有な旋回方法は、装輪装甲車や73式大型トラックには不可能である。この点、**たとえ戦車は、市街地戦闘で袋小路に突き当たっても、バックすることなく、その場で方向変換できる**のだ。

戦車豆知識

武器（ぶき）

兵器のうち、人を直接殺傷したり、物を破壊したりする目的で使用されるもの。武器と兵器はよく混同されるが、武器は兵器に内包される。

図5-13　信地旋回

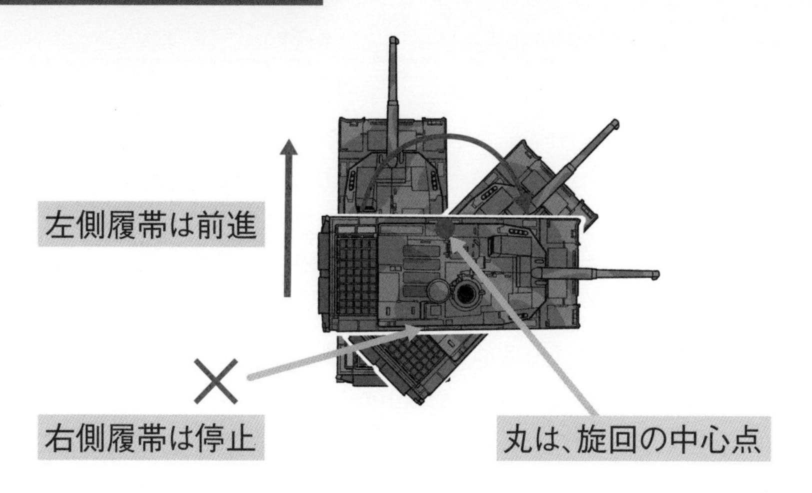

図5-14　超信地旋回

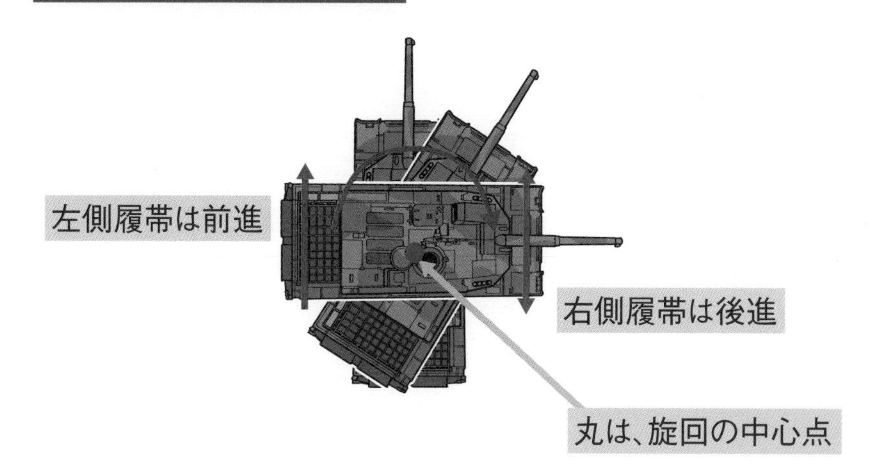

5-10
戦車のブレーキと操向装置（ステアリング機構）

戦車のブレーキは、自動車やオートバイのブレーキと比較して、構造的にどう違うのだろうか。自動車やオートバイであれば、ブレーキ系統は独立しているのが普通だ。ワイヤーやロッドなどを介して、人力あるいは機械的に、油圧を用いたりして車輪を止める。ドラムにブレーキ・シューを押しつけたり、ブレーキ・パッドを押しつけたりして制動する。

これに対して**戦車のブレーキは、変速機および操向装置に組み込まれており、独立したブレーキ系統として、車輪を直接止める構造にはなっていない**。ただし、制動に直接用いる部品は自動車などと同じで、かつてはドラム・ブレーキ式だった。第二次世界大戦当時の古い戦車は、たいていがドラム・ブレーキを用いた**「二重作動式ブレーキ」**である。ブレーキ・シューをドラムに押しつけて、起動輪を停止させるのだ（**図5-15**）。

現代の戦車は、「油圧式ディスク・ブレーキ」が一般的で、その制動力は自動車の比ではない。たとえば、10式戦車の急制動なら、不整地では時速30～40kmの速度しかだせないが、44トンの車体がわずか2～3mの空走距離で停止するという（実際には、路面状況などにより空走距離は長くなるが）。

また、戦車の「操向装置（ステアリング機構）」だが、この構造によって戦車の旋回性能も異なってくる。5-9項でも述べたように、現代戦車の多くは「信地旋回」か「超信地旋回」ができる。

ところが、**T-90に至るまでの旧ソ連/ロシア系列の戦車は「ギアード・ステアリング方式」という操向装置の構造上、超信地旋回はできない**（**写真5-4**）。一方で、**米軍のM4中戦車は「クレトラック方式」と呼ぶ操向装置であり、超信地旋回どころか信地旋回すら不可能**なのだ（**図5-16**）。

図5-15 米陸軍M4中戦車のステアリング・ブレーキ・シュー構造図

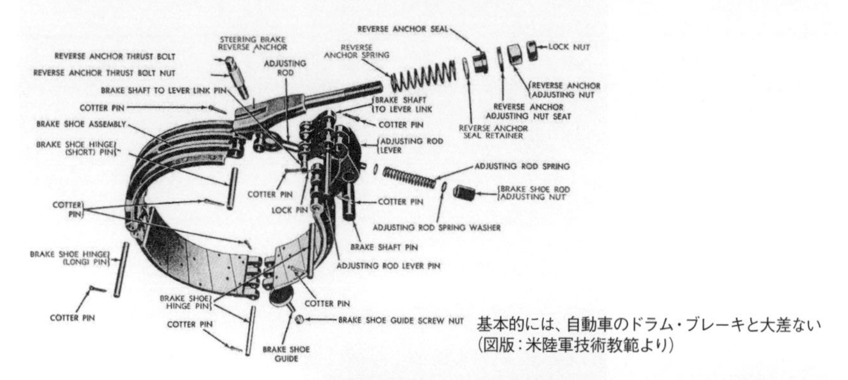

基本的には、自動車のドラム・ブレーキと大差ない
（図版：米陸軍技術教範より）

写真5-4 T-80戦車の操縦席。操向レバーによる古典的な操縦方法は、操向装置の構造上によるもので、超信地旋回も不可能である（写真：ロシア連邦軍）

第5章 戦車の機動力

図5-16 米軍M4中戦車のディファレンシャル・ギア構造図

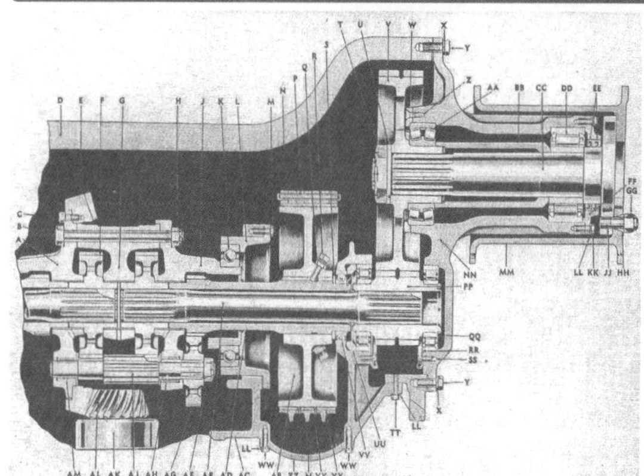

意外に思うだろうが、クレトラック方式の操向装置なので、緩旋回しかできないのだ
（図版：米陸軍技術教範より）

5-11

潜水渡渉装置 ～シュノーケルおよびカニング・タワー～

川は、戦車が作戦行動するうえで、避けては通れない天然障害である。橋梁の有無は、我の作戦行動に大きな影響をおよぼす。映画『遠すぎた橋』では、戦車部隊による橋梁の通過を企図するドイツ軍と、それを阻止せんとする英軍の戦闘が描かれている。

また、川に橋がかかっていても、映画のように敵が通過を阻止しようとしたり、敵味方の作戦上による都合で破壊されていたりすることがある。この場合は迂回するか、施設科（工兵）部隊を呼んで仮設の橋を構成してもらうか、戦車が自力で**「潜水渡渉(せんすいとしょう)」**を行うか選択しなくてはならない。なぜなら、**水陸両用戦車を除く一般の戦車は、浮航能力をもたない**からだ（**写真5-5**）。

このため、第二次世界大戦中には、スクリーン展開式の戦車や、フロート着脱式の戦車も考案された。戦車が浮航状態で河川を進むには、車体が軽量であることと、スクリュー・プロペラなりウォーター・ジェットなりの推進装置が必要だ。しかし、浮航を前提とした設計でない以上、潜水渡渉するしか方法はない。

潜水渡渉の方法には、**「シュノーケル」による方法**（**写真5-6**）と、**「カニング・タワー」による方法**（**写真5-7**）がある。河川にもよるが、**水深3～5mであれば問題なく渡渉できる**。ただし、事前に防水処置を怠ると水没して危険なので、注意が必要だ。

第二次世界大戦中の戦車にとって、潜水渡渉は特殊能力であった。しかし、現代の主力戦車には、オプションの装備として「シュノーケル」や「カニング・タワー」が用意されている。これを装着すれば潜水渡渉ができるが、水陸両用戦車とは呼ばない。潜水渡渉機材は倉庫に保管しており、作戦上の必要に応じて使うのだ。

写真5-5　浮航状態の米海兵隊AAV7。こうした水陸両用兵員輸送車や、水陸両用戦車を除く一般の戦車は、浮航能力をもたない
(写真：米海軍)

写真5-6　シュノーケルを装備して、潜水渡渉訓練中のT-90戦車。今、まさに潜水せんとするダイナミックなシーン
(写真：ロシア連邦軍)

写真5-7　潜水渡渉中のレオパルト2戦車。車長用キューポラ(視察用展望塔)に装着されたカニング・タワーは、視察と吸気の2役で3段式だ
(写真：ドイツ連邦軍)

COLUMN

戦車に乗り込むだけでひと苦労！　戦車への乗車要領

ここでは、戦車の乗員が整列してから、車内に乗り込むまでの要領について述べる。現代の戦車は「車長以下3～4名」の乗員からなるが、自動装填装置をもつ10式戦車および90式戦車なら、序列順に「車長」・「砲手」・「操縦手」の3名だ。74式戦車ならこれに「装填手」を加えた4名である。車長は、言うまでもなくその戦車の指揮官であり、階級は曹長か1等陸曹。

次級者の砲手は2等陸曹か3等陸曹で、車長が死傷または不在時は、当該戦車の指揮を執る。次に、4名乗員の74式戦車には装填手が存在するが、階級は3等陸曹か陸士長だ。最後に、操縦手はたいていの場合陸士であるが、3曹が務めることもある。この3名もしくは4名の乗員により、初めて1両の戦車が作戦行動できるのだ。

次は、乗車である。通常は乗員が整列後、車長が「乗車用意、乗車！」と号令し、各人が戦車に乗り込む。機甲科の新隊員は、乗車からしてひと苦労である。なにしろ、生まれて初めて戦車に乗るのだ。

車体には「手かけ」や「足かけ」があるが、どの部分をつかみ、どこへ足をかければよいのか。また逆に、どの部分は踏んではいけないのか。これらの事項は教範で明文化されてはいるが（コラム5-1）、戦闘機など軍用機にあるように、「NO　STEP」とか「踏むな」という注意表記もない。

もちろん、最初は誰でもわからない。しかし、当初は乗車および下車の訓練を延々と行うので、新隊員もすぐに慣れる。最初に乗下車で苦労するのは、小柄な体格の者には手足が容易に届かないことだろう。乗車要領は、細かい手順が定められているが、何度も反復演練するのですぐ覚える。だが、体格はどうにもならず、小柄な女性自衛官は特に苦労するという。

コラム5-1　戦車の乗員が乗車する際、最初に足をかける転輪や履帯の位置、手かけの場所も細部まで定められている

下車時の「定位」と乗員の整列

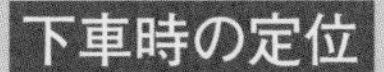

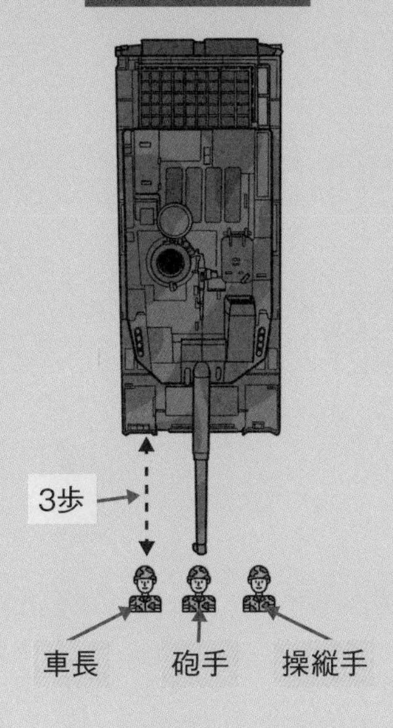

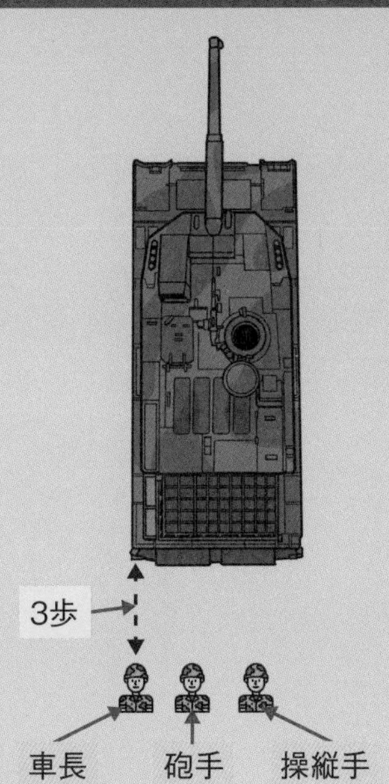

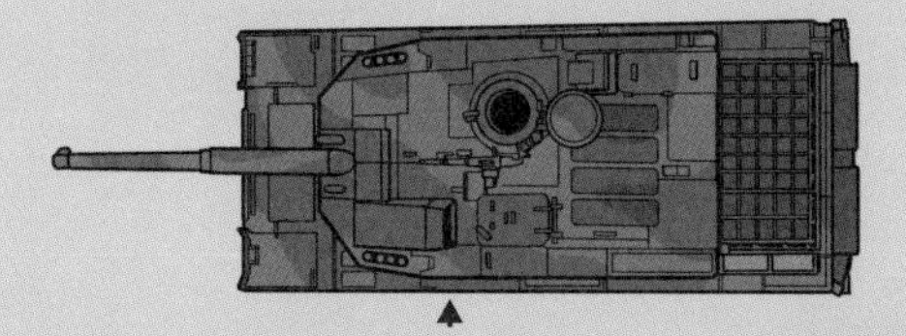

3歩

「戦車の左に集まれ」の隊形

車長　砲手　操縦手

戦車へ乗車する前に、車長の「定位につけ」の号令で、
それぞれの隊形に整列する。各人の間隔は「短間隔」

Tank of Frontline ～ウクライナ侵攻戦④～

ロシア軍の「T-90A戦車」。最新の「T-14戦車」に次いで高性能だが、その生産数は多くない

ポーランドがウクライナへ供与した「PT-91戦車」。T-72戦車」を近代化改修したものだが、国産と称している

ドイツ製の「レオパルト1戦車」。ウクライナ軍には1個戦車中隊ぶんの14両が供与された

第6章

戦車の指揮通信力

現代の戦車は、鉄の塊であると同時に電子機器の塊でもある。軍隊における指揮通信要素を指して「C4I（C Quadruple I）」と呼び、指揮（Command）、統制（Control）、通信（Communication）、電算機（Computers）、情報（Intelligence）を統合、システム化している。本章では、その戦車の指揮通信力に迫る。

フランス軍の主力戦車、ルクレールの砲手席。車内には、射撃統制装置（FCS）の操作パネルなど、電子機器が多数装備されている

6-1 車載無線機と車内通話装置

車内無線機は、戦車が装備する通信電子機材のうち、もっとも重要なものの1つである。初期の戦車には無線機がなかったが、戦間期になって各国は、戦車へ無線機を徐々に装備し始めた。

特にドイツ軍は、1939年のポーランド侵攻時において、ほぼすべての戦車に無線機があった。これに対し、英仏軍の戦車には、無線機が完全充足されておらず、作戦行動に不便を来したという。その後、第二次世界大戦末期までに、ほぼすべての戦車が無線機を搭載するようになる（**写真6-1**）。

現代の戦車は、秘話機能つきのデジタル無線機を搭載、ネットワーク通信に対応している（**写真6-2**）。もちろん、音声による送受信だけでなく、**文字列や画像データも扱える**のだ。

さて、次は**「車内通話装置」**である。日本陸軍やソ連軍など、第二次世界大戦当時の戦車には、車内通話装置がなかった。これに対し現代の戦車では、ヘルメットに装備された**ヘッドセットなどを用いて、戦車兵同士が意思疎通**できる。

第二次世界大戦中のドイツ軍戦車兵は**咽喉マイク**を使用したが（**写真6-3**）、現代ではより高性能な**骨伝導マイク**が各国軍で使用されている。

ただでさえ、走行中の戦車は騒音を発するものだが、それに加え戦場では自己の射撃音や、敵味方の砲爆撃音、戦闘機やヘリコプターなど航空機のエンジン音なども入り混じる。

こうした戦場の高騒音環境下でも雑音を遮断しつつ、それでいて号令など必要な音声が聞き取れなくてはならない。それを可能とするのが骨伝導マイクなのだ。

戦車豆知識

兵器（へいき）

軍隊で用いる武器・車輌・航空機・艦艇その他の装備品と資材、機材および器材、被服、部品などいっさいのもの。人を殺傷したり、物を破壊したりする武器と混同されるが、武器は兵器に含まれる。

写真6-1　九七式中戦車の無線手（兼前方銃手）と九六式四号戊無線機。第二次世界大戦末期までに、ほぼすべての戦車が無線機を搭載するようになる

写真6-2　車載無線機の例。写真は、陸上自衛隊の広帯域多目的無線機（通称、コータム）（出典：Wiki）

写真6-3　第二次世界大戦中のドイツ軍戦車兵は咽喉マイクを使用したが、現代ではより高性能な骨伝導マイクが各国軍で使用されている

6-2

戦術ネットワーク用コンピュータと戦術データリンク・システム

現代戦は**「ネットワーク中心の戦い（NCW）」**と呼ばれ、各国が保有する第3.5世代に分類される現用戦車には、**戦術ネットワーク用コンピュータ**と**戦術データリンク・システム**が装備されている。

自衛隊の10式戦車も同様で、**「T-ReCs（ティーレックス）」**および**「10NW（ヒトマル・エヌダブリュー）」**が用いられている。「T-ReCs」とは、Tank Regiment Command and Control systemの略語で、戦車連隊指揮統制システムを意味する（**写真6-4**）。一方、「10NW」は10式戦車固有のネットワーク・システムだ。前者は**戦車連隊の指揮所と、隷下部隊（大隊・中隊）を連接する指揮統制システム**である。

このシステムは、73式中型トラックにコンテナ形式で車載された中央処理装置と、隷下部隊のノート・パソコン（パナソニックのタフブック）および携帯情報端末からなる。ノート・パソコンは、防衛省規格および米軍MIL規格の要求基準、防塵・防水・耐衝撃性をクリアずみだ。

後者の「10NW」は、Type10 Tank Network Systemの略で、10式戦車ネットワーク・システムを意味し、**中隊隷下の10式戦車が情報共有するための戦術ネットワーク**である（**図6-1**）。

万が一、戦闘地域で敵味方部隊が混戦となっても、自車や僚車の位置はもちろん、小隊長車および中隊長車の位置もモニター画面に表示される。このため、**目標に関する作戦情報などを戦車中隊の全車で共有でき、友軍相撃つまり同士討ちの防止にも役立つ**（**写真6-5**）。

こうしたネットワーク戦用のシステムは、旧型戦車にはあまり装備されていない。車両数が多く、改修が追いつかないためだ。ロシア軍やウクライナ軍が保有する戦車も同様で、ネットワーク化もまだまだのようである。

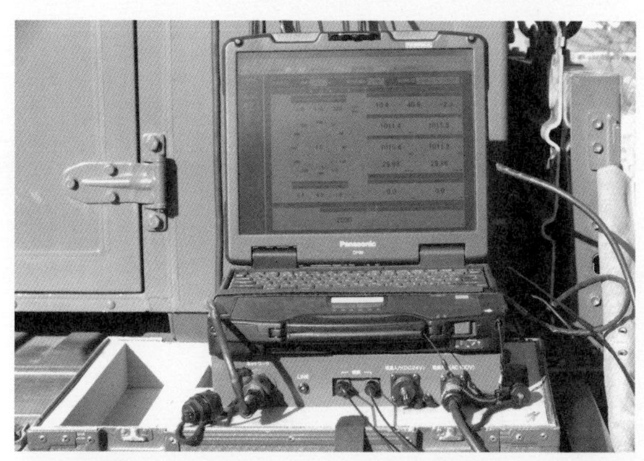

写真6-4　パナソニックの市販コンピュータ「タフブック」。写真は、航空気象装置JMMQ-M7で用いられているものだが、戦車連隊の指揮所と隷下部隊（大隊・中隊）を連接する指揮統制システム「T-ReCs（ティー・レックス）」にも使用されている（写真：かのよしのり）

図6-1　10式戦車の砲手席用モニターなどの配置

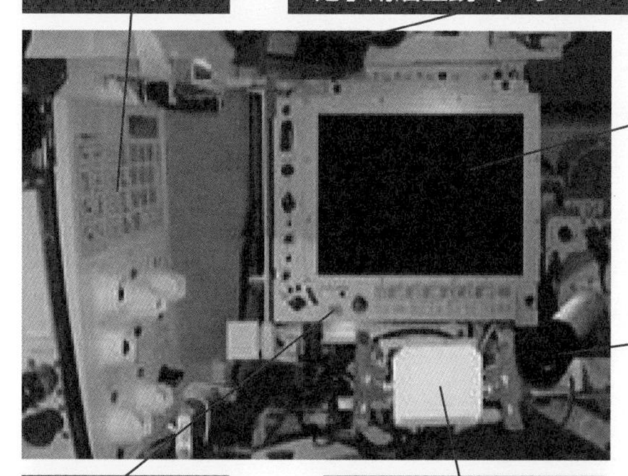

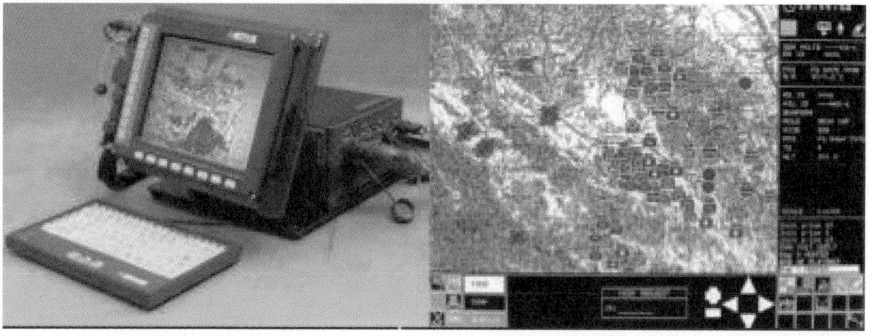

写真6-5　米軍M-1戦車が搭載する「FBCB2戦術データリンク・システム」の本体外観（左）と、モニター画面の表示例（右）。青色の軍隊記号は味方、赤色は敵を意味する

6-3

味方識別装置（SIFまたはIFF）

戦場という特殊で過酷な環境下では、錯誤が生じるのが常だ。当然、錯誤の少ない側が戦争に勝利するわけだが、過去の戦争では友軍相撃（同士討ち）が多々起きている。

特に、2022年から継続中の「ロシアによるウクライナ侵攻」では、両国軍が装備する武器・兵器は同系統なので、戦車もパッと見た外観だけで区別しづらい。戦闘中のウクライナ軍を記録した動画では、戦車が至近距離にくるまで味方だと思い、笑顔で手を振った兵士たちが轢かれたり、撃たれたりする様子が映っている。

そこで、各国軍の最新戦車には、**「敵味方識別装置（IFFまたはSIFと略す）」**が搭載されている。さらに、軍用の戦術ネットワークで部隊間が結ばれている。戦車の場合、車内の表示装置に**「敵は赤、味方（友軍）は青」**といった具合に表示されるが、これこそが敵味方識別装置によるものだ。

この装置の原理だが、簡単に言えば次のとおりである。まず、彼我不明の戦車を発見したとする。このとき、**敵味方識別装置が電子的な符号を用い、自動で誰何（すいか）**を行う。これに対して、彼我不明の戦車から電子的な応答があれば、味方だとわかる。逆に応答がなければ、敵と判断することができる（**図6-2**）。

こうした技術は、今から30年以上前であれば、ゲームや映画などエンターテイメントの空想世界でしか存在しなかった。だが、21世紀の現代となって、やっと技術が追いついて実現したのである。

当然だが、多くの旧型戦車には敵味方識別装置がない。このような場合は、ロシア軍のように車体にZマークを記入し、目視で識別するしかないのだ（**写真6-6**）。

戦車豆知識

野砲（やほう）

野戦砲の略。おもに野戦で用いる火砲のうち、榴弾砲やカノン砲など、比較的長射程で大型の火砲をいう。ちなみにカノン砲は俗語で、日本語では「加濃」と表記するが、加濃だけで砲の名称を表すので、通常は語尾に「砲」をつけない。

図6-2　敵味方識別装置の原理（イメージ）

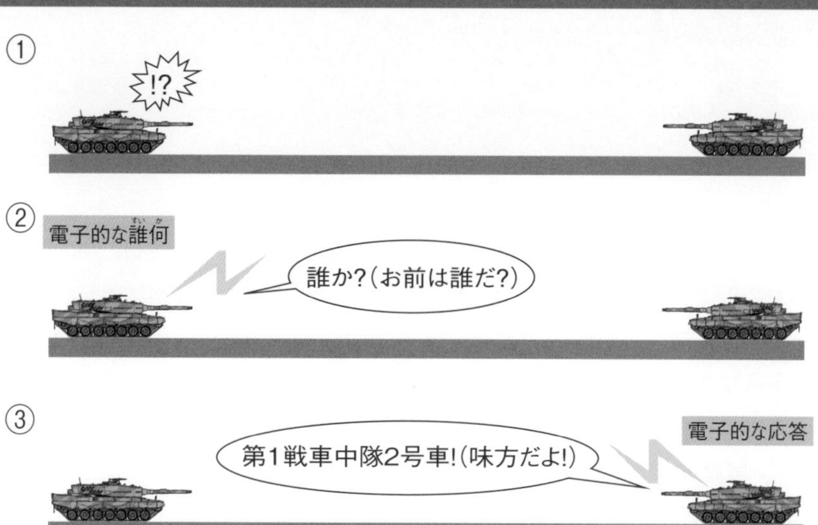

写真6-6　ロシア軍戦車の車体に書かれた「Zマーク。」士気の高揚と、敵味方の識別を兼ねている（写真：alamy）

6-4
電子妨害装置および電子戦システム

現代戦においては、戦車も**「サイバー戦」**や**「電子戦」**とは無縁ではいられない。戦闘機の場合であれば、機体内装式や機外搭載ポッド式の電子妨害装置があり、電子戦機ほど広範囲・高機能ではないが、自己防御程度には役立つ。しかし、戦車には電子戦システムを搭載するスペースもない。

このため、装甲車やトラックにシステム一式を積んだ電子戦部隊が存在する（**写真6-7、写真6-8**）。戦車部隊に随伴こそしないが、戦車は間接的に防護され、電子戦環境下で戦うことができるのだ。

しかし、敵の電子妨害などの電子戦やサイバー攻撃に対しては、十分な注意が必要だ。**2014年の「クリミア併合・ウクライナ東部紛争」では、ロシア軍がウクライナ軍に対し、大規模な電子戦とサイバー攻撃を行っている。**

当初、広範囲にわたるロシア軍の電子妨害で、ウクライナ軍の指揮通信系統はマヒしてしまう。無線も通じず、上級部隊と連絡も取れない。そこで、ウクライナ軍は仕方なく、携帯電話や私物パソコンを使用し、インターネットで上級部隊と連絡を取ろうとした。

これを予期していたロシア軍は、ウクライナ国防省になりすまし、偽の電子メールで作戦命令を送りつけた。偽の電子メールには、部隊の集結時間と場所などが明記され、ごていねいにも精巧な「偽の電子署名」まで添付されていたのだ。

こうして、まんまとダマされたウクライナ軍は、指定場所に集結したが、そこをロシア軍に攻撃された。火砲の集中射撃や航空攻撃で、中隊単位で集結した部隊が次々と撃破されていった。

この事例が示すように、現代のサイバー戦は、電子戦と火砲および航空火力を組み合わせ、最大限の効果が発揮できる。これを**「ハイブリッド戦」**と呼ぶ。

写真6-7 ウクライナ軍に鹵獲された、ロシア軍の電子戦システム（写真：ウクライナ国防省）

写真6-8 陸上自衛隊のネットワーク電子戦システム「NEWS（ニュース）」（写真：防衛装備庁）

6-5
その他、戦車の諸装置と外部装備品

現代の戦車は、鉄の塊であると同時に、コンピュータ（電子装置）の塊であると言っても過言ではない。射撃統制装置用コンピュータ、戦術ネットワーク用コンピュータ、戦車用ディーゼル・エンジンおよびガスタービン・エンジンの燃料噴射を制御するのもコンピュータ、なにからなにまでコンピュータで制御されている。

航空機の通信・電子装置を「アビオニクス」と呼ぶが、戦車の場合は**「ヴェトロニクス」**という。車両を意味するヴィークルと、電子機器を意味するエレクトロニクスを合体させた造語だ。

このため、電力消費量が増大した現代の戦車は、機関としてのエンジンのほかに**「補助動力装置（APU）」**を搭載していて（**写真6-9**）、エンジン始動前に電子機器などに電力を供給できる。**APUを装備していれば、敵を待ち伏せるために待機しているとき、エンジンを始動していなくてもよい**ので、燃料を節約できるのだ。

ほかにも現代の戦車には、電子機器以外にもさまざまな装置が装備されている。たとえば車載消火器だが、これは車内外で火災が発生したときに使う。車体に固定装備されているものと、可搬型の消火器があり、人体に害のない不活性ガスが使用されている。

また、**戦車の車体外部にも、各種の装備品が搭載されている。**「予備履帯」や「工具」、「洗桿」、「円匙（陸自で言うスコップのこと）」などだ。戦車が擱座して下車戦闘になったときに備え、車載機関銃用の三脚架もある。

さらに、現代では一部の戦車にしかついていないが、車体後部には**「車外電話機」**もある。戦車随伴歩兵と車内の乗員が意思疎通できるのだ（**次ページ図6-3**）。

写真6-9　米軍M1戦車の砲塔後部左側に装備された、補助動力装置（APU）。戦闘で破損することを考慮し、現用車両では内蔵型となっている

図6-3　74式戦車の車体外部搭載品および積載弾薬

※なお、戦車砲弾以外にも、「12.7mm重機関銃M2」
および「74式7.62mm車載機関銃」「89式小銃」
「9mm拳銃」「53式信号拳銃」の弾薬も積む。
搭載重量は、合計でなんと約3.5トン!

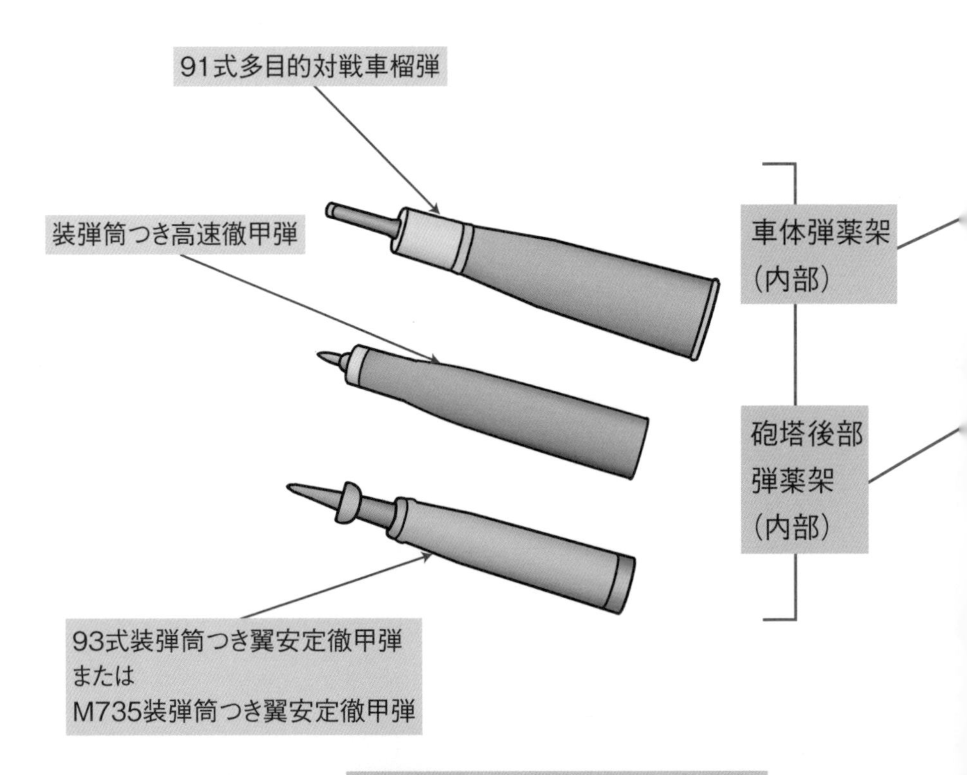

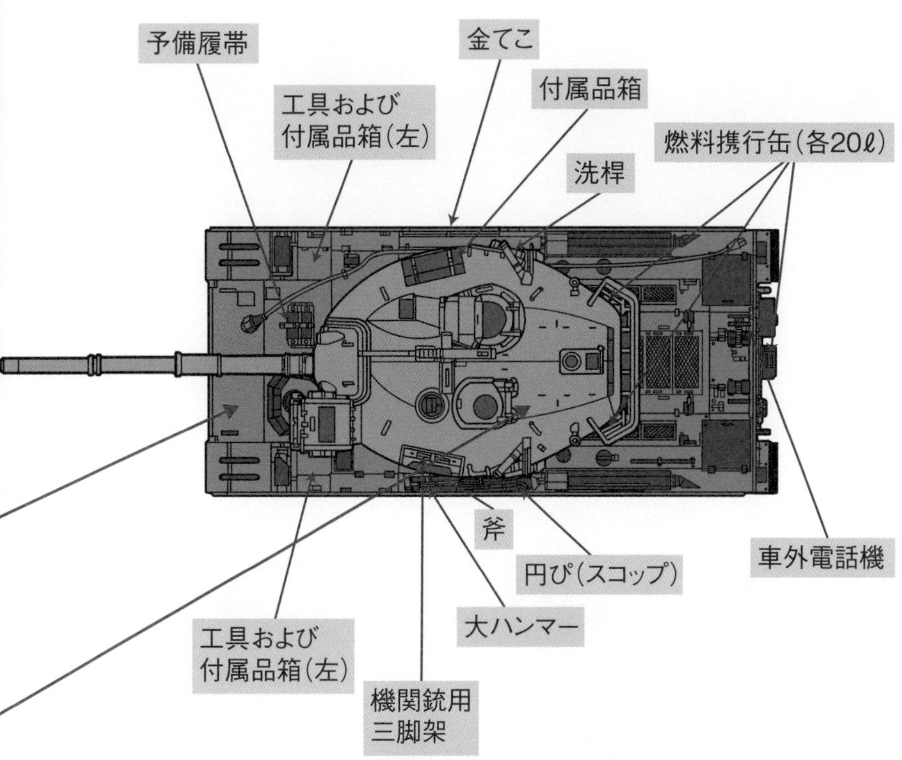
予備履帯
金てこ
付属品箱
工具および
付属品箱(左)
燃料携行缶(各20ℓ)
洗桿
斧
円ぴ(スコップ)
車外電話機
大ハンマー
工具および
付属品箱(左)
機関銃用
三脚架

出典：Wiki

COLUMN

英軍の戦闘車両用給湯器と戦車用トイレ

一般的に英国人は、紅茶好きで知られている。令和4(2022)年に実施された日英共同訓練「ヴィジラント・アイルズ22」でも、訓練の状況を一時中止して休憩するに際し、日英両軍でティータイムを楽しんだという。

英軍兵士は、敵と交戦中でも平然と紅茶を嗜むそうだが、英国のチャレンジャー2戦車にも「電気ケトル」が装備されていて、お湯を沸かすことができる。この電気ケトル、正式には「戦闘車両用給湯器(Boil Vessel=ボイル・ベッセル)」と呼ばれ、英軍の装甲戦闘車両には、まず例外なく搭載されているそうだ(**コラム6-1**)。英軍の戦車乗りは、これを用いて紅茶で一服、士気を維持するのである(**コラム6-2**)。英軍の装甲戦闘車両部隊は、他国軍と訓練や実戦で行動をともにすると、他国兵から「車内でお湯を沸かせる!」とうらやましがられるという。

コラム6-1　車内でティータイム中の英軍兵士。見よ、この嬉しそうな顔!

さて、一転して今度は「下(しも)」の話である。従来、戦車の車内にトイレは装備されていなかった。戦闘機の場合、操縦席の周囲に空間がほとんど存在しない。それと比較すれば、戦闘車両の車内容積および面積は、かなり広い。

現代ロシア軍のBMP-3歩兵戦闘車や、ドイツのボクサー装輪装甲車には、簡易トイレが装備されているし（**コラム6-3、6-4**）、ロシア軍最新のT-14戦車には、世界で初めてトイレが標準装備された。

もし、日本の戦車などにトイレを設けるとしても、残念ながら簡易トイレになるだろう。野外で水は大変貴重であり、ウォシュレットを用いて「戦場で尻を洗浄する」というわけにもいくまい。そもそも、戦闘車両内に水タンクを設けるにしても、イスラエル国防軍がそうであるように、飲料水タンクが関の山なのである。

コラム6-2　英軍の軍用電気ケトル。正式名称は「戦闘車両用給湯器」だ。作戦行動時は、たとえ敵と交戦中だろうと、平然と紅茶を嗜むのが「英国紳士」であり、「ジョンブル魂」なのだろう。（写真：英陸軍）

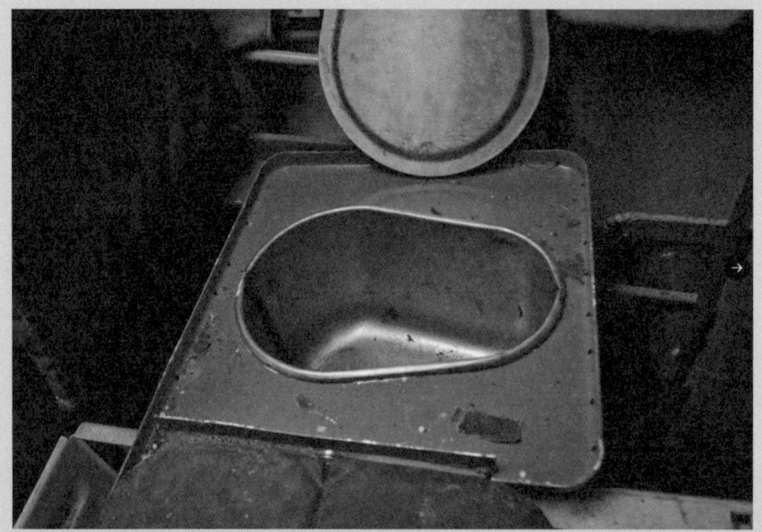

コラム6-3　現代ロシア軍のBMP-3装甲歩兵戦闘車の簡易トイレ

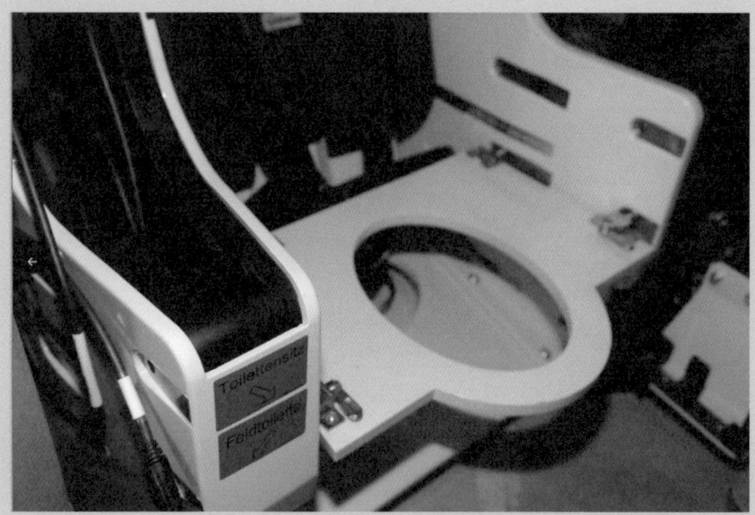

コラム6-4　ドイツ連邦軍ボクサー装輪装甲車の簡易トイレ

戦車の運用・戦術

現代の戦車は、いかにして運用され戦うのか。戦車個々の「単車戦術」から小隊規模以上の「部隊戦術」まで、そして戦車部隊の編制（ヘンダテ）および編成（ヘンナリ）についても、どのようになっているのか、その概略を学んでみよう。

陸上自衛隊における、指揮所内での作戦会同の様子。作戦会同の場では、砂盤を用いた図上演習「MM（Map Maneuver（マップ マニューバー）」により、戦術上の予行を行う

図解入門
How-nual

7-1

各種地形に応じた機動

戦車が行動するとき、注意を要すべき特殊な地形には、狭い上に両側が崖となっているような**「隘路（あいろ）」**や、幅も水深もさまざまな**「河川」**、砂漠や砂丘などの**「砂地」**、積雪寒冷地の**「雪上」**や**「氷上」**がある。

1991年の湾岸戦争では、米軍を中心とする多国籍軍の戦車部隊は、200kmも300kmも戦車が砂漠を自走した（**写真7-1**）。通常、戦車が長距離を戦略機動するとき、専用のトレーラーに搭載されて運ばれるものだが、故障で落伍した車両はわずかだったという。クウェートやイラクなどの砂漠地帯は、砂漠といっても「土漠」と表現してよい。スタックする車両も少なく、戦車回収車の出番も多くはなかったそうだ。

戦車が不得意とする地形は、むしろ雪解け時のウクライナでロシア軍の戦車が立ち往生したように、泥濘地であろう。ベトナム戦争時の米軍は、戦車などが水田を通過するのに大変難儀した。**水田よりも難儀なのは沼地であり、底なし沼にハマったら、乗員は戦車を放棄して脱出するしかない。**

次に凍結した河川や湖面上の通過だが、これは凍結の程度（氷厚など）により通過の可否が決まる。第二次世界大戦時のソビエト軍や、冬戦争などにおけるフィンランド軍は、凍結した河川や湖面上を戦車が走行し、戦闘を行った。

またフィンランド軍は、スキーを用いて**「モッティ戦術」**という徹底した伏撃を実施している。このとき、ソ連軍戦車部隊を凍結した湖面上におびき寄せ、多数の戦車を水没させている。

現代のロシア軍やウクライナ軍は、そうした戦術を用いていないようだが、日本の豪雪地帯と比較すれば、積雪量ははるかに少ない（**写真7-2**）。戦車部隊の冬季における行動も、日本よりは容易にできるだろう。

写真7-1　1991年の湾岸戦争で、砂漠を自走して長距離機動する米軍の機甲部隊（写真：米国防総省／米陸軍）

写真7-2　冬季用偽装を施した、ウクライナ軍第30旅団のT-64BV戦車（写真：ウクライナ国防省）

7-2 夜間における機動

戦車は通常、夜間に**「灯火行進」**または**「無灯火行進」**を行う。灯火行進には**「全灯火行進」**と**「管制灯火行進」**がある。平時の駐屯地内や演習場との自走による往来時、式典時の観閲行進では、前照灯(ヘッドライト)を煌々(こうこう)と点灯させて「全灯火行進」を行う。

しかし、戦時には偵察衛星や有人・無人の偵察機に発見されるのを防ぐため、管制灯を使用した「管制灯火行進」を行うか、照明をいっさい点灯しない**「無灯火行進」**を行う。肉眼に頼る無灯火行進は、現代ではまず行われない。

夜間の機動には「照明下による機動」、「暗視装置による機動」、「無照明下による機動」などがある。「照明下による機動」は、夜間において、迫撃砲などから発射される**「照明弾」**および**「IR照明弾」**により行う。

「照明弾」は、空中に向けて発射されると、所定の高度で落下傘が開き、吊り下げられた照明筒が500m上空で点火される仕組みだ。点火後、照明弾は1発あたり160万cd(カンデラ)もの光源となり、30秒から1分ほど燃焼しながら、ゆらゆらと低速で落下する(**写真7-3**)。

一方、「IR照明弾」は、通常の照明弾と異なり、燃焼による可視光線の代わりに、赤外線を放出するものである。ちなみに、カンデラとはラテン語に由来する照度の単位で、160万cdはロウソク160万本に相当し、野球場の東京ドーム内と同じ明るさだ。

戦車固有の装備として**熱線映像装置**や**操縦手用暗視装置つきカメラ**があるので、これらを使用して無灯火で夜間操縦を行う。万一、熱線映像装置などが故障した場合は、**双眼式の暗視装置(ナイトビジョン・ゴーグル)**を着用し、ペリスコープ越しに行進するのだ(**写真7-4**)。

戦車豆知識

予備自衛官(よびじえいかん)

諸外国の予備役に相当し、元自衛官および予備自衛官補から志願する。年間5日の訓練出頭に応じる義務があり、有事には現役部隊出動後の駐屯地警備などを行う(陸自の場合)。ほかに、年間30日出頭で現役に準ずる訓練を行う「即応予備自衛官」、自衛隊未経験者から採用される「予備自衛官補」がある。

写真7-3　照明弾は、主として高射角で射撃できる迫撃砲を用いて打ち上げる。現代では、赤外線を利用したIR照明弾が使用できる（写真：かのよしのり）

写真7-4　双眼式の暗視装置JGVS-V3。右は、暗視装置で見た画像の一例（写真：陸上自衛隊）

7-3
戦略機動・戦術機動・接敵機動の違い

戦略機動とは、「敵に対し、戦略的に優位を占めるための機動」をいう。たとえば、ある戦場において、遠距離に位置する別の戦域に、短時間で部隊を送り込むとしよう。敵は、現在交戦中の戦域で我と拮抗していても、別の戦域でも我に対処する必要が生じるから、そのぶんだけ戦略的に有利となる。

この長距離機動が戦略機動であり、ほかの戦域へ増援を送るときや、予備隊などの投入、陽動作戦を行う際などに行う。戦略機動は長距離をなるべく短時間で移動する必要があり、そのため米・露・中などの大国は、戦車を搭載可能な大型輸送機を保有している（**写真7-5**）。しかし、空自の輸送機には戦車を搭載できない。そこで、戦車も海自の「おおすみ型輸送艦」や民間のカーフェリーに搭載され、現地へ運ばれる（**写真7-6**）。

次に**戦術機動だが、これは「敵に対して、戦術的に有利な位置を占めるために行う機動」を指す**。具体的には、おもに迂回や包囲で敵を攻撃する際などに行うが、戦術機動は、戦略機動の下位概念である。前述のとおり、自衛隊で転地訓練と呼ぶ演習で言えば、船で運ばれ揚陸し、演習場に入るまでが「戦略機動」で、入ってからが「戦術機動」だ。

そして**最後は接敵機動であるが、これは「敵と接触して、交戦を目的に行う機動」をいう**。接敵に際しては、我の射撃に有利な位置を占めることが重要だ。しかし、現実の戦場では障害となる地形地物が存在し、視界・射界はもちろん、戦車砲や機関銃にも俯角・仰角の制限がある。

そこで、射撃に適した地点（射点）を事前に掌握しておく。こうすれば、射撃に際してわがほうが有利となるからだ。この際、良好な隠掩蔽が得られ、それでいて視界・射界・俯仰角に影響をおよぼさない場所を選ぶ（**写真7-7**）。

写真7-5　米軍のM-1戦車は、C-5Mスーパー・ギャラクシー輸送機などに搭載されることにより、長距離を戦略機動できる
（写真：米空軍）

写真7-6　防衛省がチャーターした民間フェリー、ナッチャンWorld。戦車は、船舶に搭載されることにより、海上を戦略機動できる
（写真：防衛省）

写真7-7　総火演にて、射撃のため射点へ移動中の89式装甲戦闘車。射点への移動は、接敵機動である
（写真：かのよしのり）

7-4
ミル公式による距離の判定および視察・隠蔽・稜線射撃

現代の戦車には、レーザー測距機が装備されており、目標との距離を容易に測定できる。しかし、機械は故障することもあるから、目測による射距離の判定もできなくてはならない。ハイテクだけに頼らず、ローテクも用いるのだ。そこで、**ミル公式を用いて射距離の判定を行う**。ミルとは角度を表す単位で、**「1,000m先において1mの幅（高さ）がある目標を見たときの角度」**である。

一般社会で日常的に用いる角度の単位は「度＝°」で、円周の360分の1が「1度」なのはご存じだろう。これに対し軍隊で用いる**ミルは、円周を6,400分割したもの**である。1ミル＝0.0537度で、1度＝17.8ミルだ。このミルは、**R（距離）＝W（幅）/M（ミル）**という公式で求められる。

例を挙げれば、直接照準眼鏡で視察中に横行する敵戦車を発見した場合、その車体長が約7mとする。このとき、車体長が眼鏡内に刻まれたミル目盛りで「4目盛り分」であったなら、7÷4＝1.75なので敵戦車との距離は「1,750m」となるのだ（**図7-1**）。

こうして敵との距離がわかったら、あとは射撃するだけだが、日本の戦車は**「稜線射撃」**を重視している。これは、丘陵の斜面など地形を利用し、戦車砲を俯角（下向き）にして行う射撃をいう。山がちな国土を有する、いかにも日本らしい戦術だ。本稿執筆中の2023年も、依然としてロシア軍とウクライナ軍が交戦中だが、起伏に乏しいウクライナの平野部では、稜線射撃の機会は日本ほど多くはないだろう。

最後に稜線射撃の要領だが、まず**視察装置だけを斜面からだして迅速に視察**し、敵を探す。そして**敵を発見したら斜面を登坂**し、**車体だけを隠して目標を撃つ**。こうすれば、敵より優位に立てるのだ（**図7-2**）。

図7-1　ミル公式による距離の判定

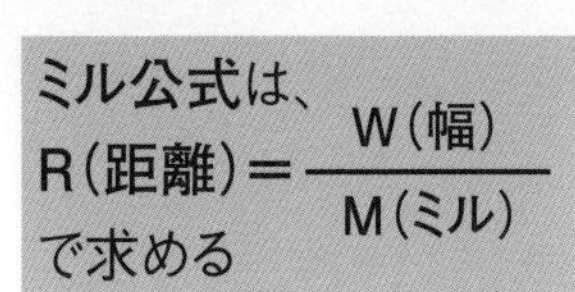

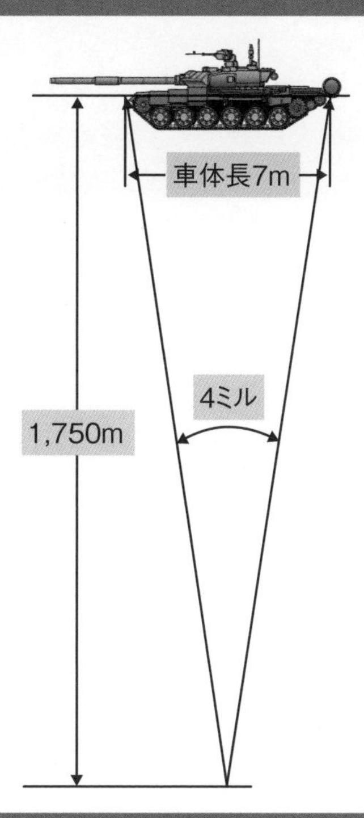

図7-2　視察および稜線射撃と遮蔽の程度

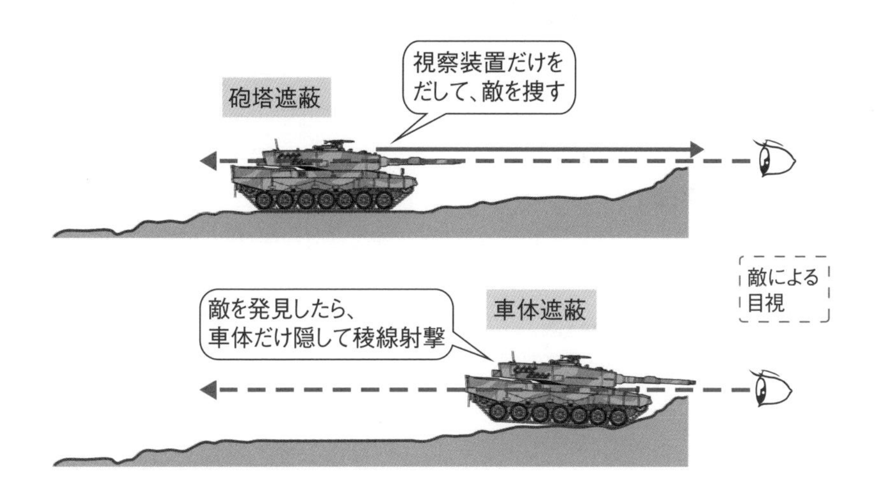

7-5 戦車砲の照準・射弾の観測と修正射・偏差射撃

現代の戦車が射撃するに際して、どのように戦車砲の照準を行うのか？　3-4項でも述べたが、ここで復習してみよう。まず、戦車の射撃は直接照準により行う。だが、その前に射撃に必要な各種データ（弾道諸元）を入力しなくてはならない。風向および風速・外気温・砲耳軸(ほうじじく)傾斜・装薬温度などがそうだ。各データは、射撃統制装置のコンピュータが自動入力してくれるが、手動による入力も可能だ。

さて、砲手は射撃諸元入力後、「直接照準眼鏡」または「熱線映像装置」のモニター画面内に見える**十字線（レティクル、自衛隊ではレチクルと呼ぶ）を目標に重ねて狙う**（**図7-3**）。

これが直接照準射撃時における**「直接命中法（略して、直命法）」**という狙い方だ。この際の狙点は、我に正面を向けた敵戦車を目標とするなら、砲塔と車体の接合部かつ中心部とするのが望ましい。

また、戦車が射撃する場合、ほかの直接照準火器や間接照準火器でも同様であるが、**射弾の観測と修正射はきわめて重要**だ。「初弾必中」が原則の戦車射撃だが、もし初弾を外した際は、図のように瞬時に**射弾の判定を行う**とともに、その場を迅速に離脱、別の射点に移動して撃つ（**図7-4**）。また、状況によりその場で次弾を撃つこともある。

最後は**「偏差射撃」**である。これは、我に側面を向けて走行中の敵戦車など、横行する移動目標に対して行う射撃をいう。横行する移動目標を射撃するとき、目標の中心を照準して撃ってもタマは命中しない。そこで、**図7-5**のように**横行目標の未来位置を狙う**。この「未来位置」のぶんだけ先の空間を照準することを**「リードをとる」**と呼ぶ。

図 7-3　直接命中法による照準のイメージ

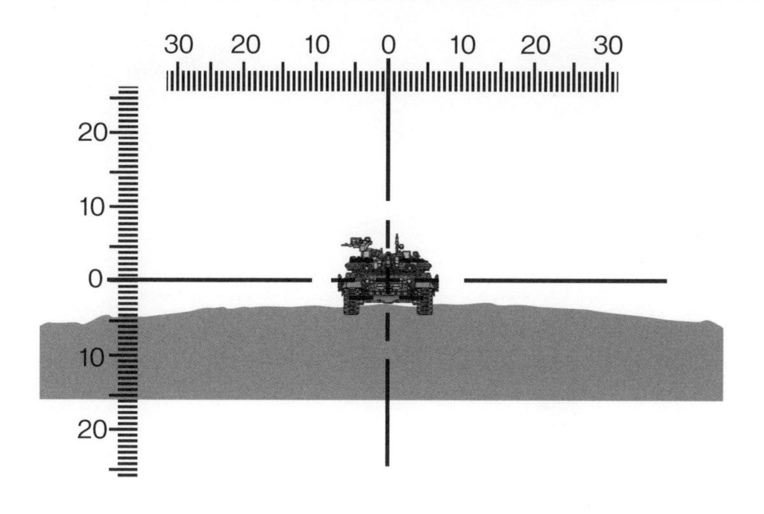

図 7-4　射弾の観測と修正射

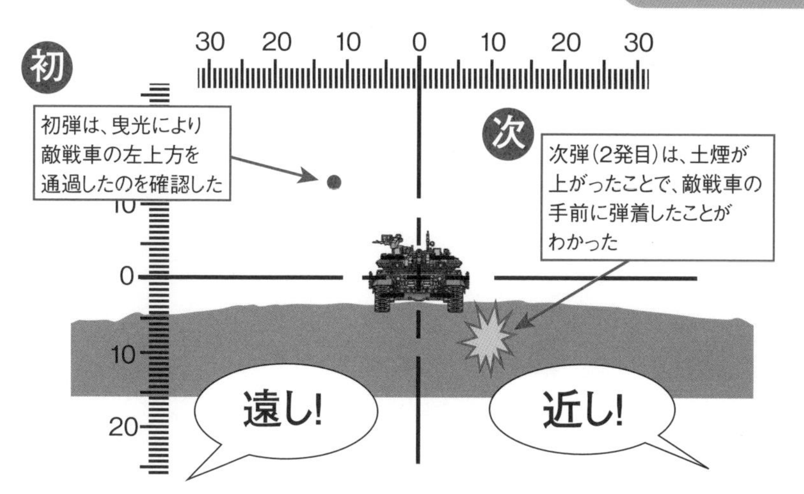

図7-5　偏差射撃の要領（その1）

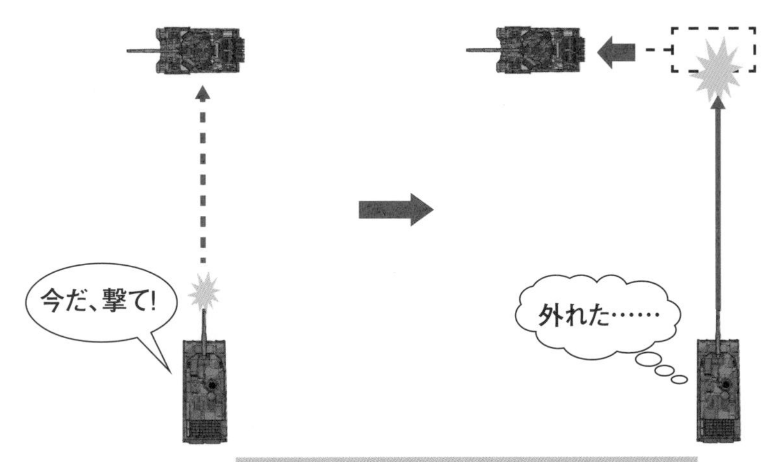

偏差射撃の要領（その2）

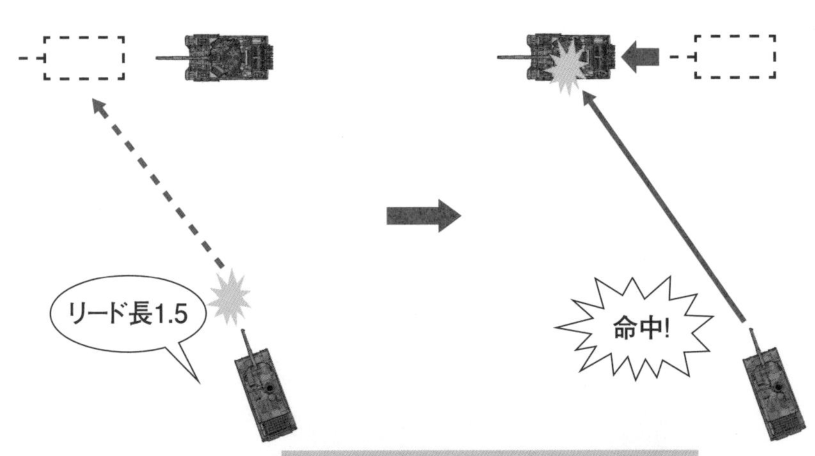

7-6
戦車砲による間接照準射撃

戦車砲の射撃は、直接照準射撃が基本だ。しかし、**戦車も砲兵のように間接照準射撃（以下、間接射撃という）を行うことがある**。間接射撃とは、第１章の**図1-2**で示したように、建物や丘陵・山などの向こうに存在する、視認できない遠距離目標を撃つことをいう。

第二次世界大戦では、敵歩兵や車両部隊の攻撃手段がほかにない場合、密集している敵に対し、しばしば戦車による間接射撃が行われた。現代でも、ウクライナ軍のT-64BV戦車がロシア軍に対し、間接照準射撃を実施しているという。頻度こそ多くはないが、現代では珍しい。

さて、戦車による間接射撃だが、どのような手順で行うのか。ここでは、米軍の教範を例としよう。まず、戦車が間接射撃を行うには、目標の概略方向に基準点を設ける。この位置に、砲兵などが使用する**「標桿（ひょうかん）（英語でAiming（エイミング） Post（ポスト）と呼ぶ）」**を立てる。民間の測量でもおなじみの、赤白の棒だ（**写真7-8**）。

戦車砲の射線方向に１本目を（たとえば、戦車の前方２時の方向10m）、さらに

写真7-8　間接射撃を行う前、概略方向に基準点を設けるため測量を行う。赤白の棒が標桿（写真：防衛省）

奥方向へ2本目（1本目から奥方向へ10m）を立てるという具合だ。そして、この遠近2本の標桿を**「方向盤」**で覗いたとき、1本に重なって見えるようにする。これで、概略の方位角が決定するので、戦車の砲塔を旋回し、その方向へ砲身を指向する。

今度は**「象限儀」**を使用して、戦車砲の射角を求める（**図7-6**）。目標までの射距離に応じた射角を付与、戦車砲の仰角を決定。あとは撃つだけだ（**図7-7**）。以上の方法は、あくまで基本である。

図7-6　戦後の自衛隊が使用した61式象限儀（左）と米軍のM1方向盤（右）

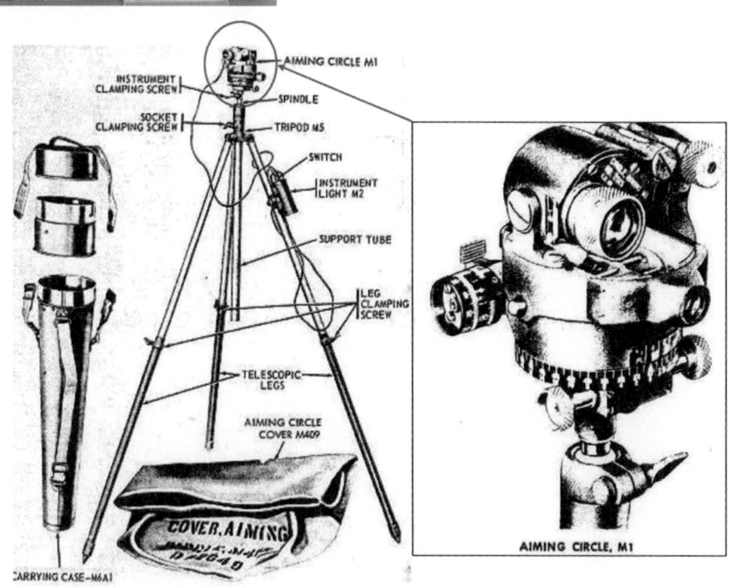

図 7-7　遮蔽角・最低射角・実際の射角・最大射角の関係

①遮蔽角＝山や丘陵、建物などの障害物により、車体が隠蔽可能な角度

②最低射角＝射撃に際し、障害物などの干渉を受けない最低限度の角度

③実際の射角＝実用上、効力射（本番の射撃）を行う際の角度

④最大射角＝戦車砲の物理的な最大仰角

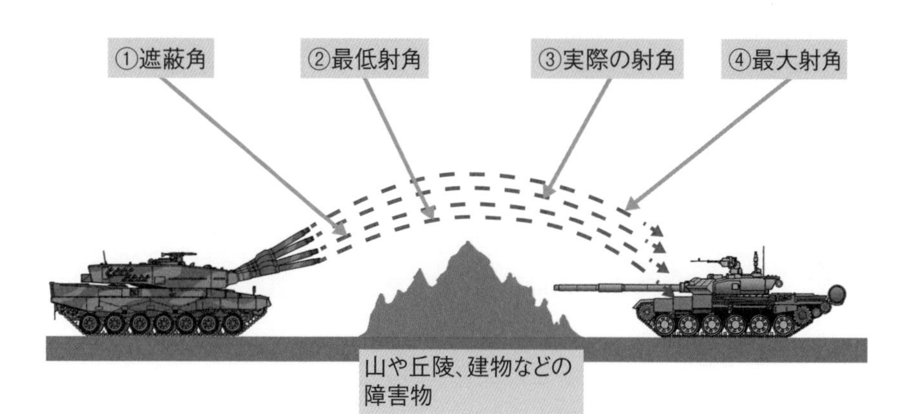

7-7
車載機関銃による制圧射撃・対空射撃

現代の戦車は、第3章の3-3項でも述べたように、その多くが副武装として複数の機関銃をもつ。**車載機関銃による制圧射撃**は、装甲をもたないトラックなどの軽車両（俗に、ソフトスキンという）や、ヘルメットと防弾チョッキのみで防護された敵散兵（下車歩兵）に対しては、特に有効だ。

2022年のロシアによるウクライナ侵攻では、ウクライナに供与された米国製携帯対戦車ミサイルの「ジャベリン」が大戦果を挙げた。このため、巷では「対戦車ミサイル万能論・戦車不要論」を主張する者がいる。しかし、歩兵携帯用にしても、車両で運搬して地上に敷設する対戦車ミサイルにしても、戦車の代替手段とはならない。

所詮、**これらの対戦車ミサイルは、あくまで待ち伏せで効果を発揮するもの**である。歩兵が装甲車から降りて攻撃前進するとき、約20kgもある携帯対戦車ミサイルを抱え、徒歩で射点へ移動するのは容易ではない。伏撃するにしても、戦車に発見されて先に撃たれたら、蜂の巣になってしまう。

戦闘を記録した動画などを観ると、ロシアおよびウクライナ両軍とも偽装のレベルは総じて低く自衛隊の足下におよばない。だから、伏撃歩兵の居場所を看破し、車載機関銃で先に撃つことも可能だろう（**図7-8**）。

一方、**車載機関銃は対空射撃にも使用される**。戦車は、単独または中隊など部隊単位で対空戦闘することは、まずない。戦車に随伴する自走対空機関砲や、近傍に位置する対空ミサイル部隊に守られているからだ。しかし、積極的な対空戦闘こそしないが、**自衛のために対空射撃を行うこともある**（**図7-9**）。我に向かってくる敵戦闘機や攻撃機、攻撃ヘリコプター、無人攻撃機（市販ドローン改造攻撃機を含む）に対し、対空射撃を行うのだ。

図7-8　制圧射撃のイメージ

対戦車火器などをもつ敵散兵を発見したら、車載機関銃による制圧射撃を行う（図版：米陸軍ジャベリン対戦車ミサイル教範をもとに作成）

図7-9　環型照準具を使用したHMG対空射撃のイメージ

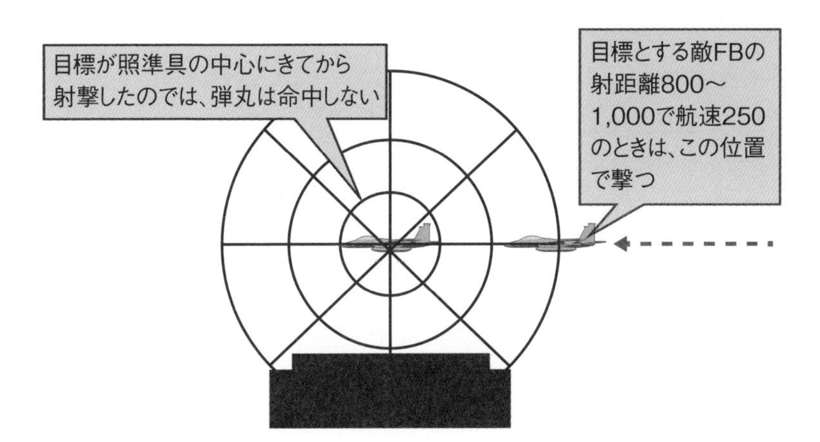

注:目標の大きさは、実際よりも大きく描いている

7-8
戦車の天敵、攻撃ヘリコプターと無人攻撃機および市販ドローン

わが戦車を狙う敵の脅威は多々あれども、**戦車にとって最大の天敵は「攻撃ヘリコプター」と「無人攻撃機および市販ドローン改造型無人攻撃機」**であろう。このうち攻撃ヘリコプターは、携帯対空ミサイルに弱いので、もはや不要と主張する人がいる。陸上自衛隊やドイツ陸軍では攻撃ヘリコプターを全廃、もしくは大幅に縮小を決定したが、陸自航空科出身の筆者に言わせれば早計すぎるのではないか(**写真7-9**)。

なぜならほかに、「ヘリボン援護」も可能だからだ。ヘリボン援護とは、空中機動を行うヘリコプター部隊の飛行経路(空中回廊という)に全行程を同行し、護衛することをいう。予期せぬ敵の現出(未発見の対空火器や対空ミサイル、敵の攻撃ヘリコプターなど)に対処し、降着地域(LZと呼ぶ)周辺に潜む敵の待ち伏せから空中機動部隊を守る。これは、今の無人攻撃機では役不足であるが、識者は誰も指摘しない。ロシア軍の攻撃ヘリコプターは、たやすく撃墜されているが、それは匍匐(ほふく)飛行が不徹底なのと、対空ミサイル妨害用のフレア(人工的な熱源)を消耗した後に狙われたからだ。

一方、無人攻撃機および市販ドローン改造型無人攻撃機だが、まだまだ発展途上の存在であり、決して戦場のゲームチェンジャーではない。しかし、市販ドローン改造型無人攻撃機は、機体が小型でレーダーによる捕捉が困難である。数に物を言わせて飽和攻撃されたら、防御側にはやっかいだろう。

そこで、各国では**「ドローン対処レーザー」**を研究中だ。日本でも、三菱重工や川崎重工が防衛装備庁とともに試作中で、撃墜試験も行っている。このドローン対処レーザーは、高機動車にレーザー砲を搭載し、ドローンなどの小型無人機撃墜を狙う(**写真7-10、図7-10**)。

写真7-9　戦闘機や攻撃機、戦略爆撃機でも戦車を攻撃できないことはないが、やはり攻撃ヘリコプターが最大の「経空脅威」であろう（写真：陸上自衛隊）

写真7-10　ドローンとはもともと、再利用可能な無人標的機などの飛翔体の意味だ。現代では、市販のクワッドローター式無人機のみをドローンと呼び、本格的な無人機と区別すべきだろう。
（写真：あかぎ ひろゆき）

図7-10　防衛装備庁が研究中のドローン対処レーザー

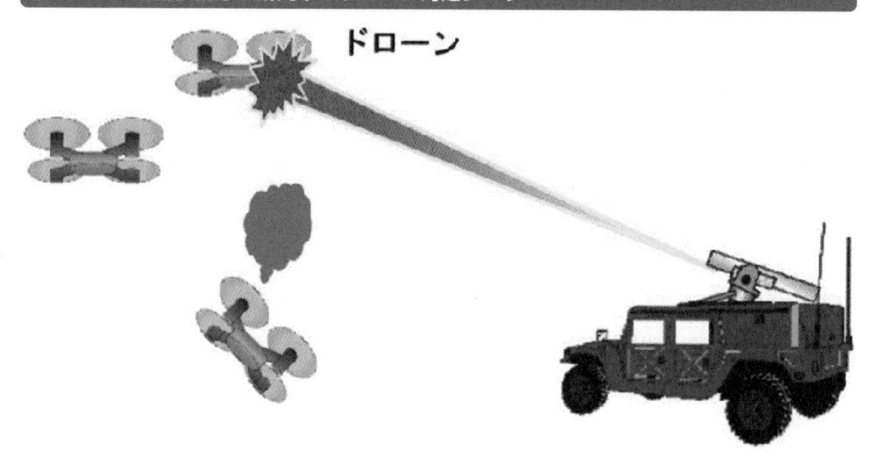

（図版：防衛装備庁）

7-9

戦車小隊の射撃要領 ～火力の配分と射法～

戦車小隊および戦車中隊以上の部隊が敵と交戦するに際して、もっとも重要なのが**「いかにしてムダ弾（だま）を撃たず、弾薬を節約するか」**であろう。このため、**「火力の配分と射法」はきわめて重要**だ。

第二次世界大戦時における戦車戦では、自分以外の僚車も同一目標に照準を指向していることを知らず、2発以上の戦車砲弾で1両の敵戦車を撃破することも多かった。敵戦車が我に対し、車体の側面や後部をさらしていれば、1発で仕留められる。こうした状況下で2発以上のタマを使うのは、ムダ以外のなにものでもない。

逆に敵戦車の正面を照準して射撃するとき、一撃必殺の自信がなければ、僚車と協力して同時に2発をブチ込み、確実な撃破を期するわけだ。そこで戦車部隊は、状況に応じた射法を用いる必要がある。

現代戦は「ネットワーク中心の戦い（NCW）」と呼ばれ、情報共有による共同交戦が可能な時代だ。たとえば、自分の位置から敵戦車の一部は見えているが、射線上に友軍歩兵がいて撃てなくても、ベストポジションに位置した僚車が射撃してくれる。

射法には、主として**正面射（しょうめんしゃ）**および**交差射（こうさしゃ）**ならびに**縦射（じゅうしゃ）**があり、この3つは外国軍においてももっとも基本的な射撃パターンだ。正面射はもっとも基本的な射法で、横隊で前進してきた敵に対し、わが小隊を横隊に展開させて、各車が自己の正面にいる敵を撃つ（**図7-11**）。

そのほか、交差射は正面射が困難な場合に用い、縦射（「たてしゃ」ではなく「じゅうしゃ」という）は、道路上を行進中の敵戦車などや、地形の関係で路外に横隊展開できない敵に対して用いる（**図7-12、図7-13**）。

図7-11　戦車小隊の射撃要領（1）～正面射～

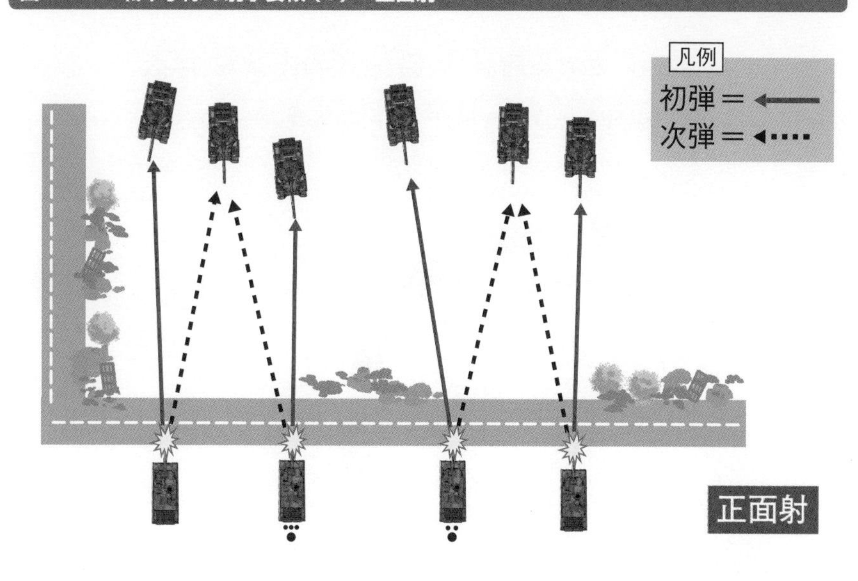

図7-12　戦車小隊の射撃要領（2）～交差射～

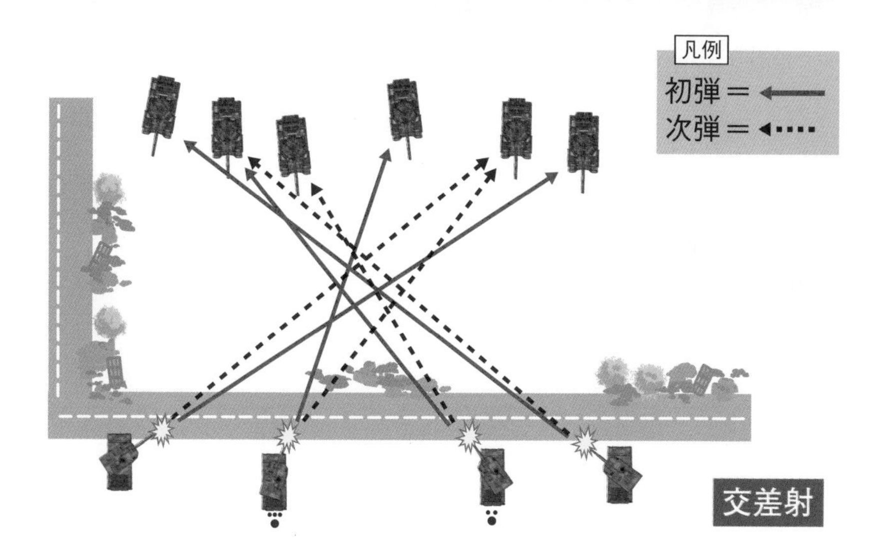

図7-13 戦車小隊の射撃要領（3）～縦射～

縦射における着眼は、敵縦隊の先頭車両と
最後尾車両の同時撃破を追求すること

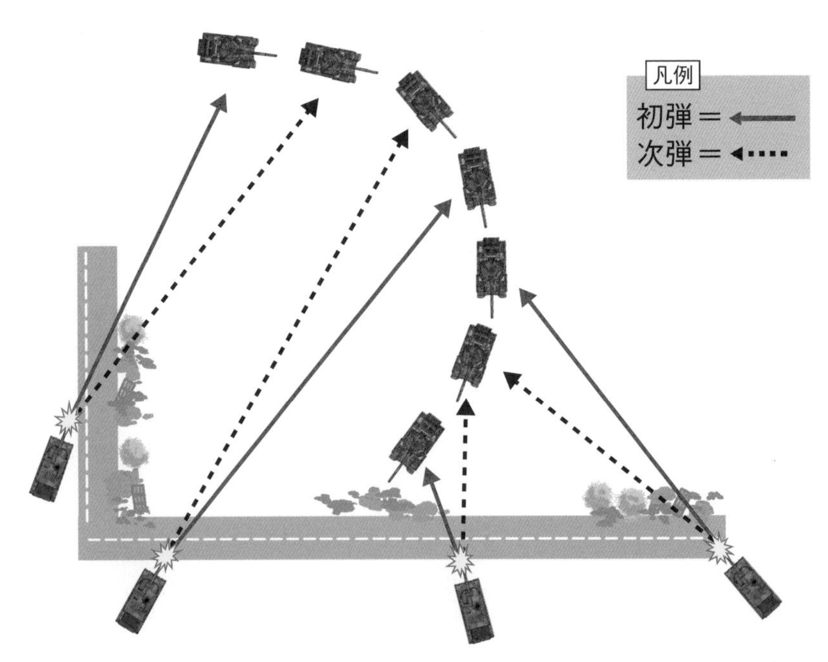

7-10

攻撃と防御（その1）～戦車小隊の戦闘隊形と行進間射撃の要領～

本項では、戦車小隊の攻撃発起から、目標撃破後の逆襲対処までについて、一連の流れを概説する。まず、戦車小隊の攻撃に際しては、戦闘隊形をとる必要がある（図7-14）。

戦闘隊形には、もっとも単純で基本的な「横隊」のほか、「傘型隊形」や「菱形隊形」などがある。まず「横隊」だが、米軍では「Line Formation」と呼ぶ。これはもっとも単純で、基本的な戦闘隊形だ。至短時間で目標へ緊迫しつつ、火力を前方へ指向できる。このため、敵陣地など目標への突撃時に多く用いられる。

次に「傘型隊形」だが、米軍では「Wedge Formation＝楔形隊形」という。これは小隊長車および小隊陸曹車（米軍では、小隊軍曹車）が前方に位置し、3・4号車はそのやや後方へ位置して、傘のような形状になる隊形だ。

菱形隊形は、米軍では「Diamond Formation」と呼び、攻撃および防御の両面で用いる戦闘隊形だ。この戦闘隊形は、軍用機の編隊飛行でもおなじみであるが、むしろ攻撃時よりも防御時に効果を発揮する。これらの隊形は各国ともほぼ同様で、国により呼び方が異なっても、その特性は変わらない。

そして、行進間射撃だが、これには**「躍進射」**と**「行進射」**がある。躍進射は、主として中隊以下の交互躍進および逐次躍進で用いられるもので、走行状態から停止した直後に撃つ。一方、行進射は停止することなく走行状態で射撃するもので、作戦行動上の迅速性が要求される場合に用いるものだ。

行進射には、「直行行進射」・「横行行進射」・「斜行行進射」・「蛇行行進射」・「後退行進射」などがある（図7-15）。このうち「蛇行行進射」は、スラローム射撃とも呼ばれる。日本の10式戦車がお家芸とするが、左右に蛇行しながら高速走行しつつ、行進間射撃を行う方法だ。

図7-14　小隊の戦闘隊形（その1）

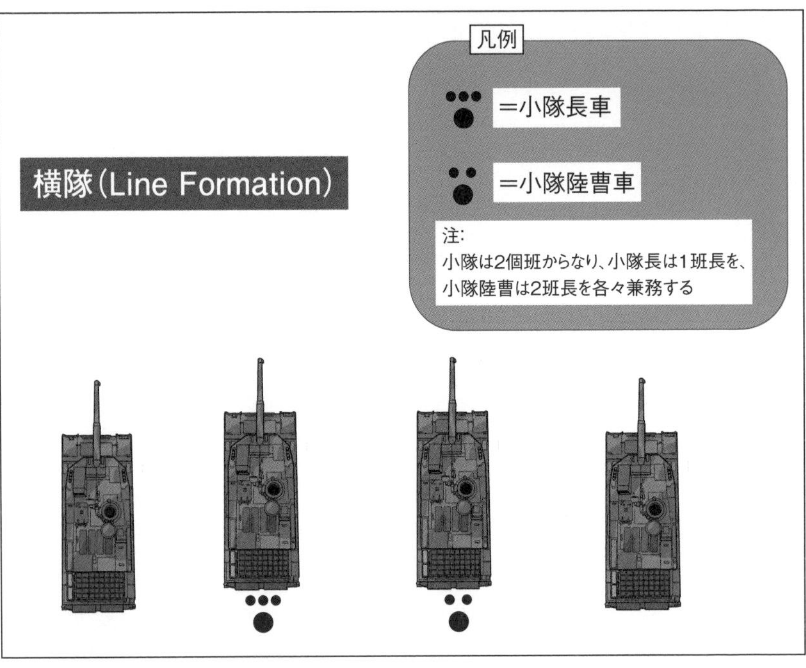

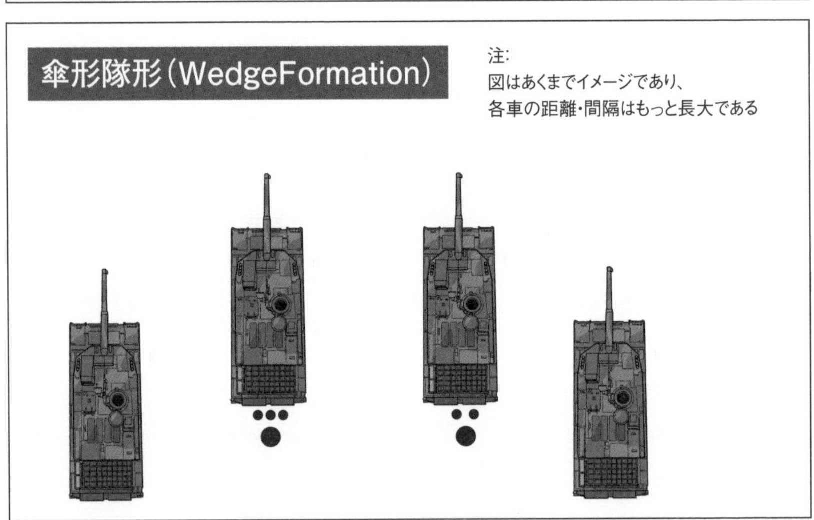

小隊の戦闘隊形（その2）

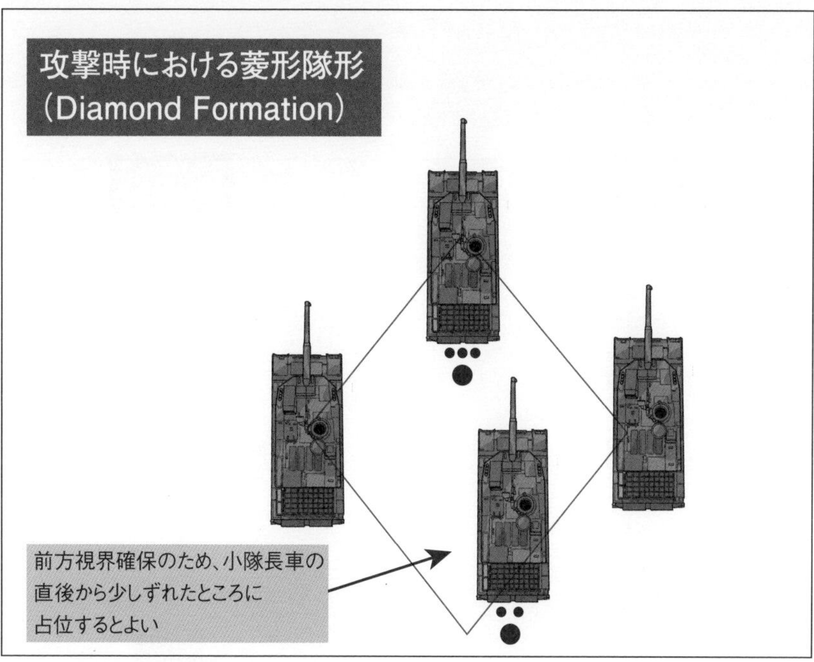
攻撃時における菱形隊形
（Diamond Formation）
前方視界確保のため、小隊長車の
直後から少しずれたところに
占位するとよい

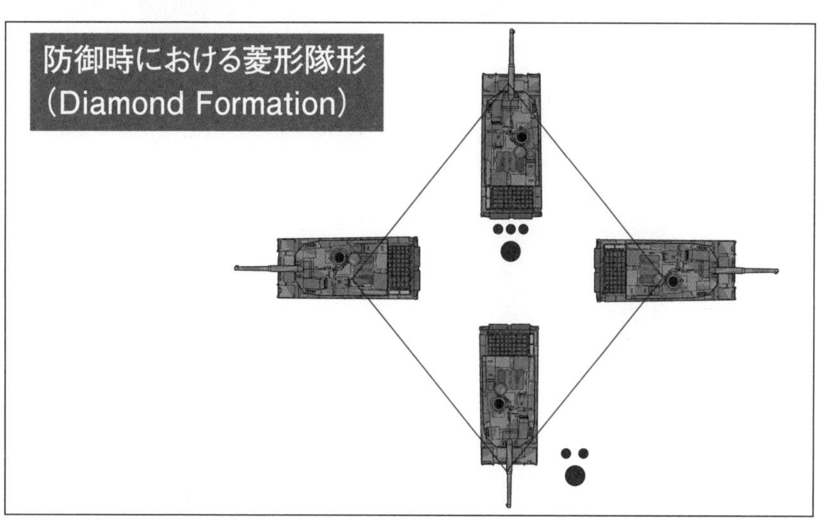
防御時における菱形隊形
（Diamond Formation）

図7-15　行進射の要領と種類（行進射の要領）

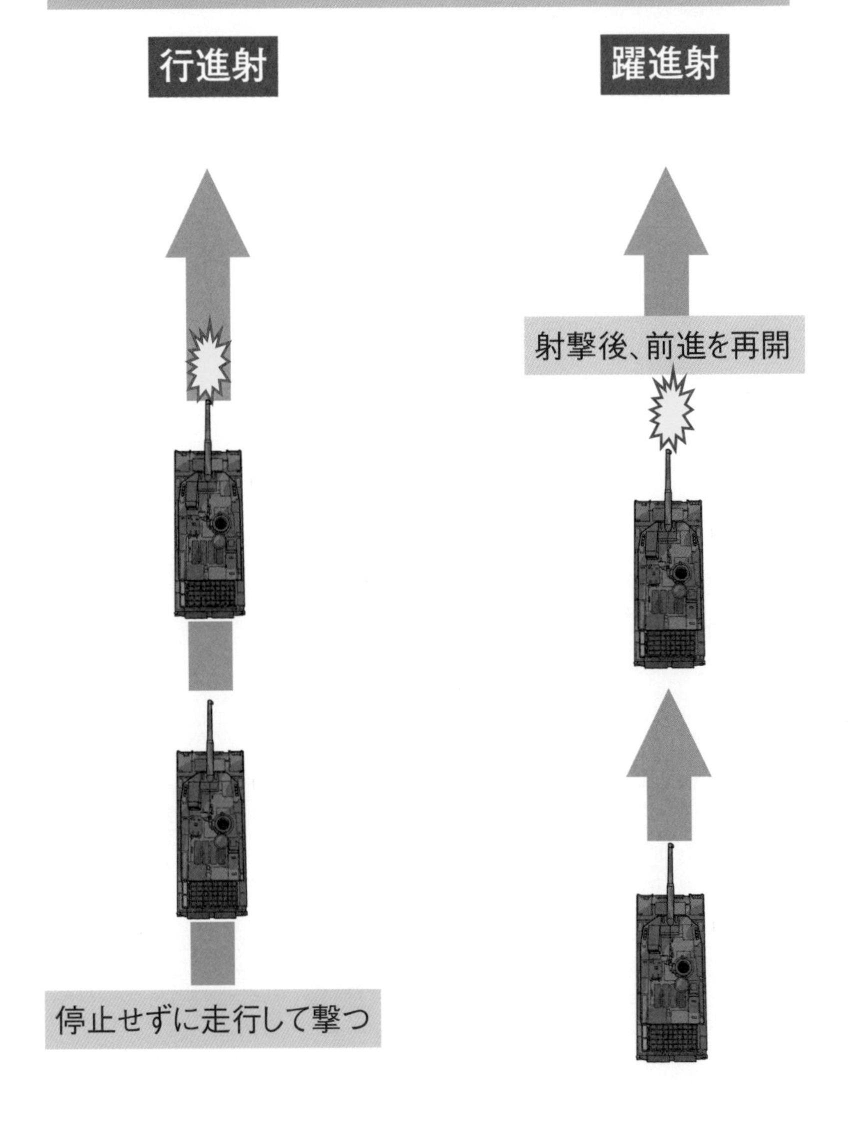

行進射の要領と種類（行進射の種類）

これらの行進射以外にも、「横行行進射」・「斜行行進射」・「後退行進射」がある

直行行進射

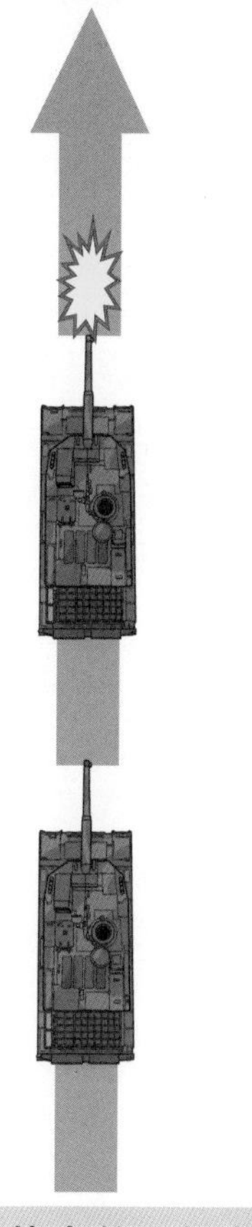

もっとも基本的な行進射

いわゆるスラローム走行射撃

7-11

攻撃と防御（その2）～戦車小隊の交互躍進～

戦車小隊および中隊が攻撃前進するとき、基本となるのが**「交互躍進」**および**「逐次躍進」**である。本書は、戦車のメカニズムなど構造・機能面をおもに解説しているので、ここでは「逐次躍進」は割愛する。

読者諸氏は必要に応じ、拙著『陸上自衛隊戦車戦術マニュアル（秀和システム刊）』を参考とされたい。

さて、交互躍進だが、４輌編制の戦車小隊ならば、２輌で「班」という単位が２つ集まり、小隊が構成されている。**戦車部隊における最小戦術単位は小隊**であり、班という単位は、小隊長が小隊を分割運用する際に用いる便宜的なものだ。

この**各２輌が交互に「躍進」と「支援射撃」を行う方法を交互躍進**という。まず、小隊長車である１号車と３号車（１班）が所定の位置（遮蔽物などがある場所）まで躍進する間、２号車および４号車（２班）は射撃準備しつつ警戒・待機、敵戦車および対戦車火器や敵散兵が現出したら撃つ（**図7-16**）。

もちろん、現代の戦車は走行間射撃が可能なので、状況により躍進中の１・３号車がみずから射撃することもある。次いで、２・４号車が躍進間、今度は１・３号車が支援射撃を行い、これを繰り返す（**図7-17**）。

現代の戦車は、無線機やネットワーク通信を備えている。だが、第一次世界大戦など初期の戦車には無線機すらなかった。小隊長や中隊長の指揮どころか、僚車との意思疎通にも、手信号や手旗信号が用いられたものである。原始的な方法ゆえ、交戦中の目標指示や、射撃号令の徹底など、部隊の指揮・統制は容易ではなかった。それゆえ、攻撃前進時の隊形も単純な一列横隊であり、戦車が躍進する際、僚車を支援射撃するのもひと苦労だったのだ。

図7-16 交互躍進の要領（その1）

交互躍進の要領(1)

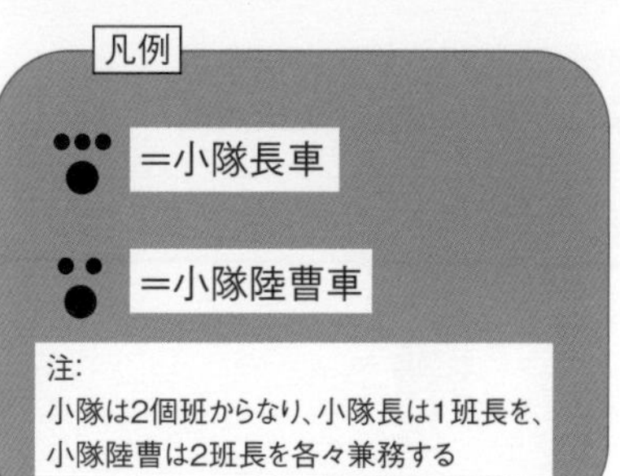

当初の体形は横隊、小隊長車（1号車）と3号車が「1班」、小隊陸曹車（4号車）と2号車で「2班」とする

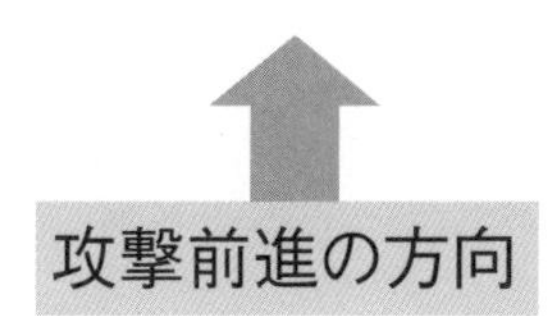

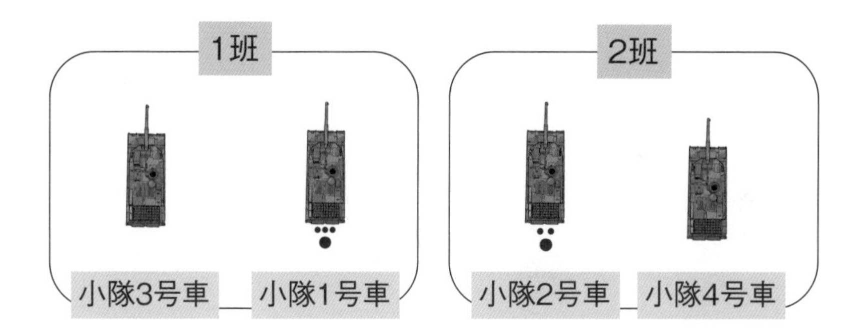

図7-17　交互躍進の要領（その2）

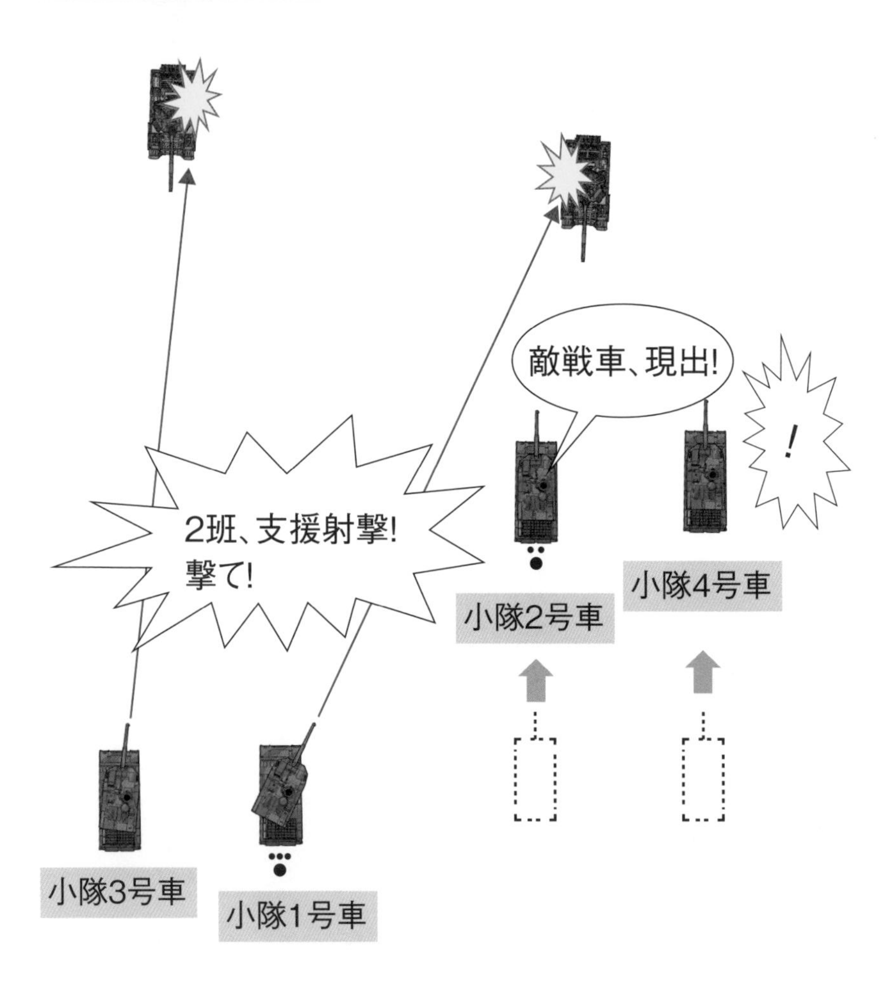

交互躍進の要領（その3）

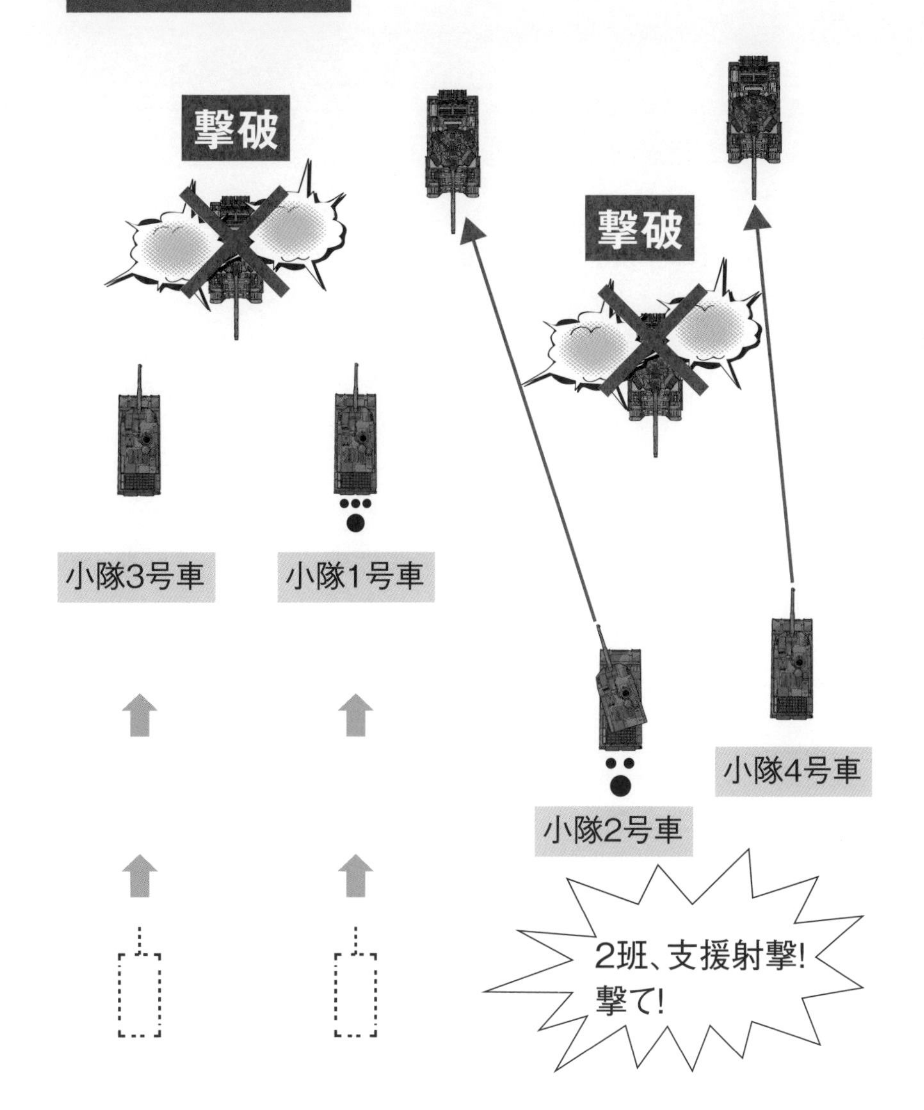

7-12

攻撃と防御（その3）～防御戦闘の例：一般的な陣地防御から機動防御まで～

防御の形態は、**「陣地防御」**と**「機動防御」**に大別できる。陣地防御は、陣地構築など事前準備の程度にもよるが、敵を待ち受けること自体が戦闘に有利となる。

図は、米軍野戦教範に載っている、もっとも基本的な「陣地防御」の例だ。両側を山で囲まれた丘陵に陣地構築した歩兵小隊が、正面から接近する単一部隊の敵と戦う場合である。地形地物の利用により、敵の主要接近経路が限定され、敵部隊も複数存在しないので、迎撃は容易である。しかし、このように単純なケースの防御戦闘ですむことはまずない（**図7-18**）。

一方で「機動防御」は、第二次世界大戦中のドイツ軍が用いたものだ。**独ソ戦の「ドネツ戦役（ソ連側呼称「ハリコフの戦い」）」による例が有名**である。米陸軍の機動防御の一例を図に示す（**図7-19**）。当初、敵の陣地前方で歩兵部隊が敵を拘束、次いで機動打撃を行う部隊（戦車・砲兵など）が敵の側面や背後に迂回し、攻撃を行う。

さて、現代のロシア連邦軍は、回転木馬のようにグルグルと機動しながら射撃を行う**「循環移動射撃戦術（または、回転型機動射撃とも呼ぶ＝英語でTank（タンク・）Carousel（カルーセル）、ロシア語で（キリル文字で）Танковая карусельと表記）」を重視**している（**写真7-11**）。これは、機動防御よりも敵陣地に対する攻撃前進に用いられるものだ（**図7-20**）。

ところが、今回の「ロシア軍によるウクライナ侵攻」では、これが効果的に機能していないという。この方法は、旧ソ連時代からロシア軍を範とするシリア軍も採用している。しかも、類似の戦術は第二次世界大戦時から存在し、それを現代戦術に適合するよう改良しただけのものなのだ。

図7-18 一般的な陣地防御の例

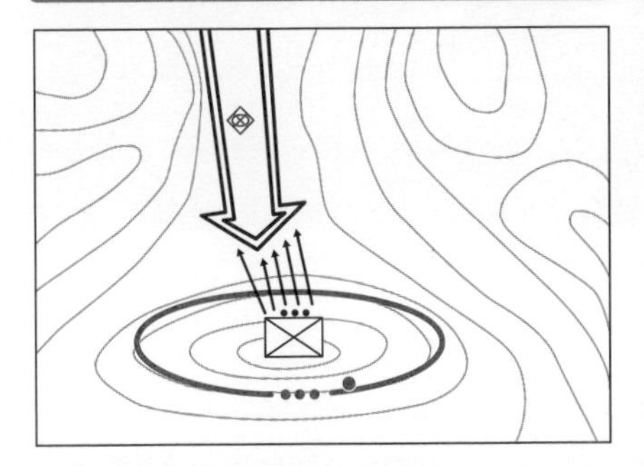

図7-19 機動防御の例

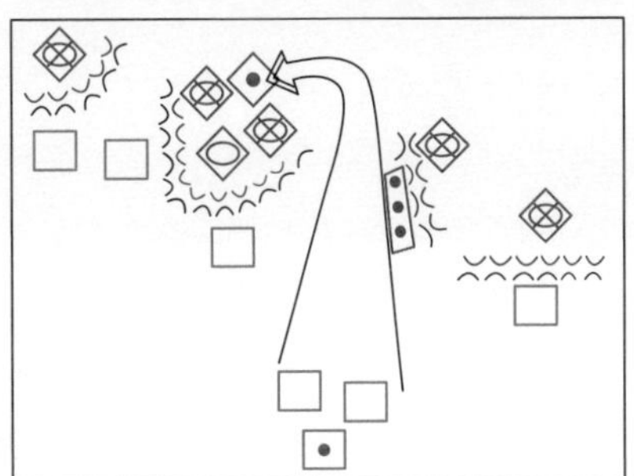

写真7-11 ロシア軍戦車の戦術訓練風景（写真：ロシア国防省）

図7-20 現代のロシア連邦軍による循環移動射撃戦術の一例

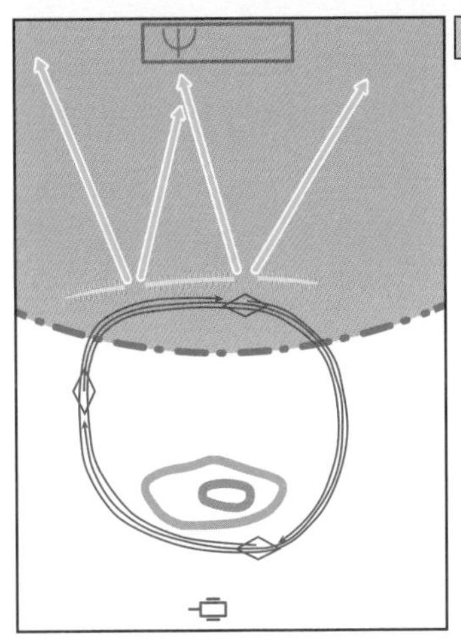

現代のロシア連邦軍による「循環移動射撃戦術」の一例

循環移動射撃戦術には、さまざまなバリエーションがあり、目標とする敵陣地の援護高（掩体の盛り土の高さ、鉄条網の高さなど）により実施要領が異なる

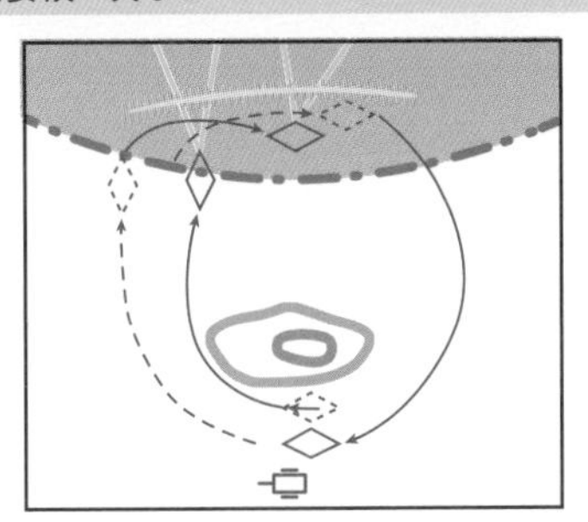

7-13

機甲兵科の位置づけと戦車部隊の編制（その1）

各国の軍隊には歩兵や砲兵など、戦車部隊以外にも多くの任務区分がある。これが兵科であり、**「戦闘兵科」**と**「戦闘支援兵科」**に大別される。戦闘兵科は、戦場で直接敵と交戦する兵科だ。一番頭数が多い「歩兵科」、これを火砲で支援する「砲兵科」が続く。**戦車を運用するのが「機甲科」**で、多くの国では３番目の序列である。

戦闘支援兵科には、「通信科」や「武器科」のほかに「衛生科」や「輸送科」、「需品科」などがあり、自衛以外で敵と戦闘する機会はまずない。最前線で戦う戦闘兵科を兵站支援するのが役目だ。

現代の陸戦では「諸兵科連合部隊」と呼ばれる部隊編制が一般的である。これは、戦車部隊に装甲車両化された歩兵・砲兵・工兵などを組み合わせたもので、機甲師団や機甲旅団として編成されている。また逆に、装甲車両化された歩兵を主力とし、これに戦車・砲兵・工兵などを組み合わせ、機械化師団を編成することも多い（**図7-21**）。

第二次世界大戦後の米軍は、他国の機械化師団が1万人程度なのに対し、1万8千人の兵力を有していて別格だった。だが、それは冷戦時代の話である。米陸軍は2000年になると、従来型の師団と比較して、はるかにコンパクトな**「ストライカー旅団」**を新編した。この部隊は、輸送機で緊急展開可能で、IT化による情報共有や共同交戦もできる、という点が売りだ。しかし、装輪式のストライカー装甲車こそ装備しているが、戦車はもたない（**図7-22**）。

このように諸兵科連合部隊は、単一兵科部隊がもつ各々の弱点・欠点を互いに補完している。部隊規模や装備などこそ国により異なるが、各国とも戦車が機動打撃力の骨幹となるのは共通なのだ。

図7-21　諸兵科連合の機甲部隊（例：機甲師団）

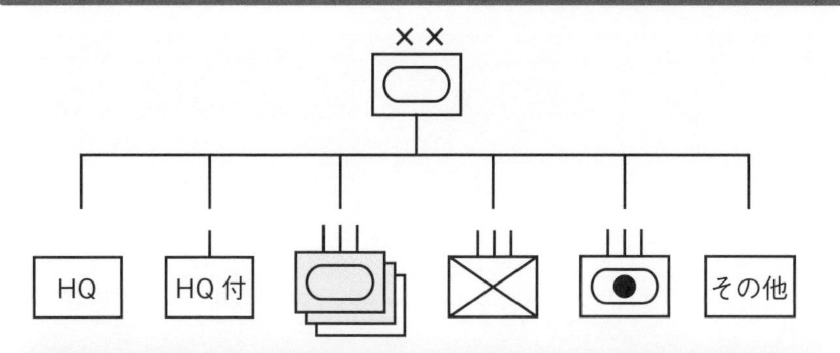

部隊符号とは？

軍隊の編制表や、作戦図などに用いられる記号を「軍隊符号（陸自では部隊符号）」と呼ぶ

歩兵が ＋ 装甲車に乗り ＝ 機械化歩兵

砲兵が ＋ 自走化して ＝ 機械化砲兵

凡例

兵科・機能を表す符号

⊠	歩兵
⬭	戦車・装甲車
●	砲兵
HG	司令部
HG付	司令部付隊

部隊の規模・格を表す符号

××	師団
|||	連隊
|	中隊

（出典：Wiki）

図7-22　米陸軍ストライカー旅団の編制

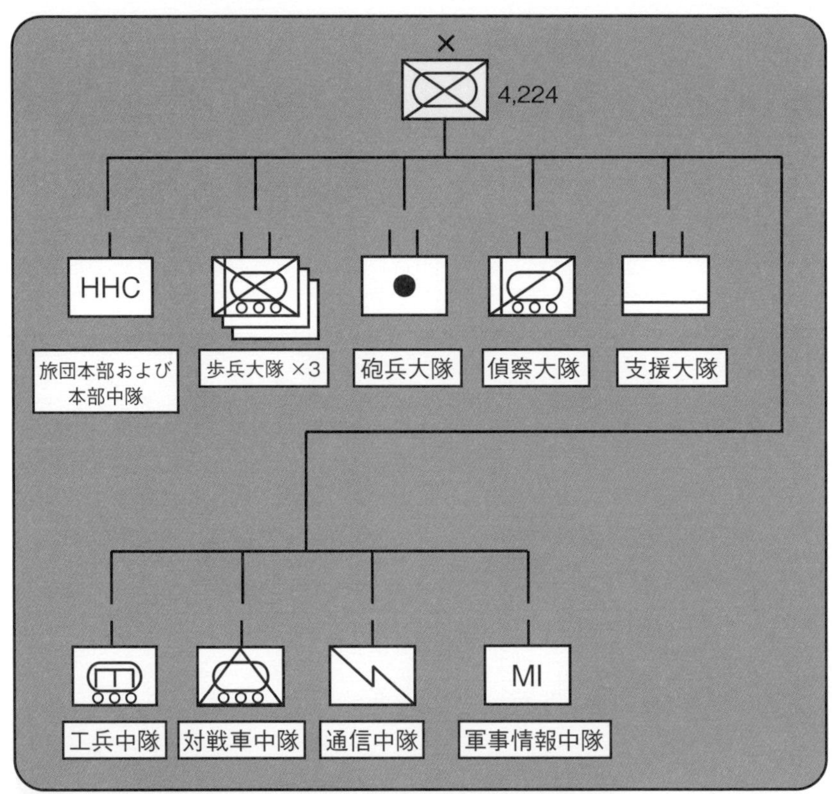

（出典：Wiki）

7-14

機甲兵科の位置づけと戦車部隊の編制（その2）

冷戦後の各国軍は、重厚長大な従来型の機甲師団および歩兵師団を改編し、コンパクト化を図ってきた。欧米や日本では、こうした緊急展開可能な部隊を旅団以下の作戦単位として設けたが、従来型の部隊よりかなり小さい。

前述のストライカー旅団は、米軍にしては小規模で5千人に満たないし、日本版ストライカー旅団とも言える**「機動旅団」は3～4千人**とひと回り小さい（**図7-23**）。**即応機動連隊に至っては、たったの800人**だ。機能的には、諸兵科連合部隊となっているのだが、小規模なので独立作戦能力はきわめて限定される。また、16式機動戦闘車こそあるが、戦車は皆無だ。

一方、**ロシア連邦軍は「大隊戦術群（英語でBattalion Tactical Group、略してBTG）」を重視**する（**図7-24**）。大隊を基幹部隊とし、砲兵・工兵・防空などの戦闘兵科を中隊規模で組み合わせ、さらに通信や衛生などの兵站支援兵科を配する。

基幹となる大隊は、機械化された歩兵部隊で、約200人だ。ロシア連邦軍では旧ソ連時代から伝統的に「自動車化狙撃大隊」と呼ぶ。名称に狙撃とあるが、大隊所属の全員がスナイパーではない。また、戦車は1個中隊約10両を装備しているし、防空部隊も2個中隊だ。一見すると、自衛隊の即応機動連隊よりも火力が高い。

だが、BTGはロシア軍の目論見どおりに機能せず、陸戦で大苦戦する一因ともなっている。なぜなら、即応機動連隊より人数が少なく、独立作戦能力が低いからだ。「群」とは、「連隊（約1千人前後）」よりも小さく格下の部隊で、「大隊（国により、300～600人前後）」より大きな部隊をいう。**BTGの兵員数は定数約600～800人なのだが、充足率が低い。**実際には、400～600人で作戦行動しているそうで、戦力としては見かけ倒しなのである。

図7-23　陸上自衛隊の即応機動連隊（例）

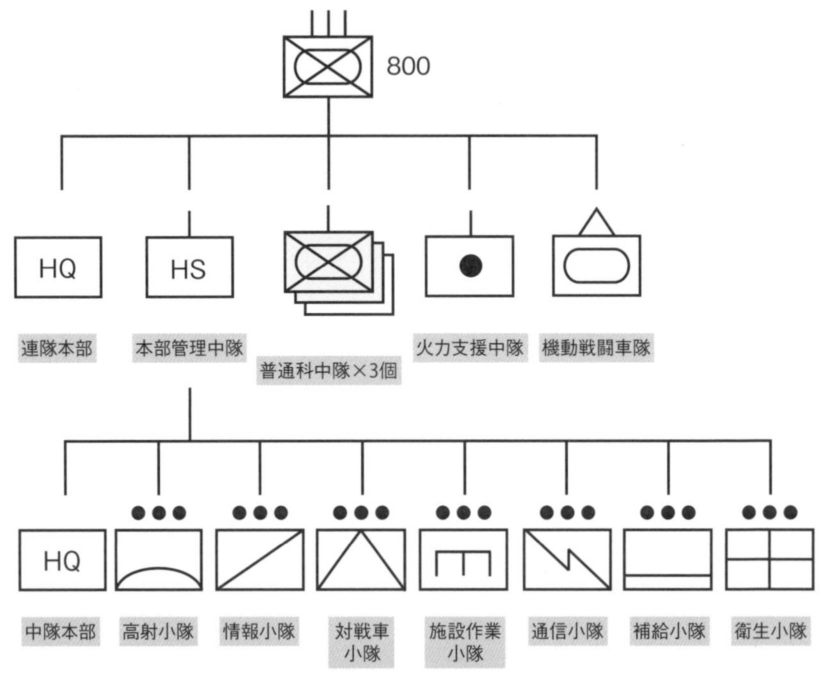

（出典：陸上自衛隊 滝川駐屯地 Twitter）

図7-24　現代ロシア連邦軍の大隊戦術群

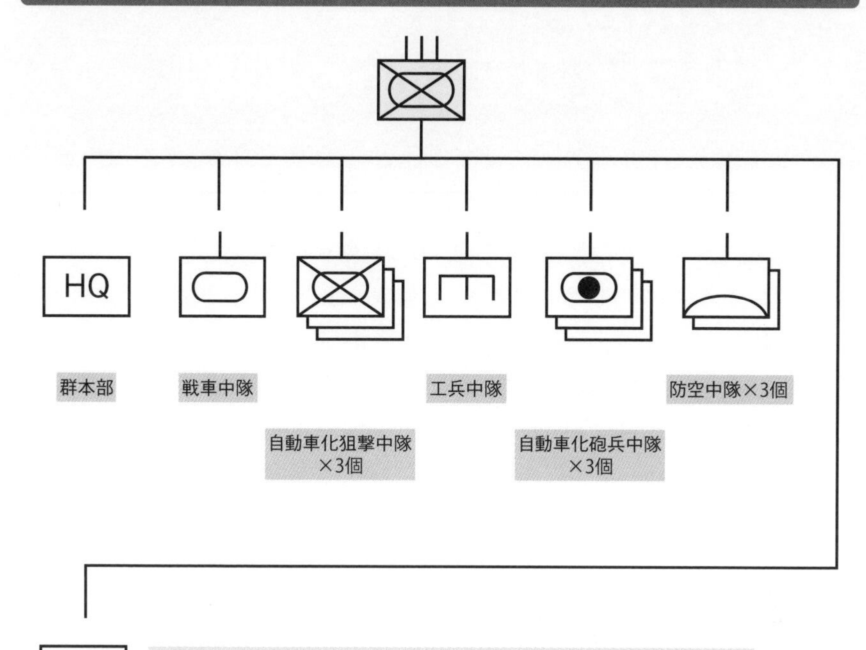

その他

筆者注
その他の部隊には、偵察小隊および対戦車小隊などの「戦闘支援部隊」や、
衛生小隊および支援小隊などの「兵站部隊」が含まれる

なお、上記編成は大隊戦術群すべてに該当するものではなく、兵員・武器・兵器の
充足率が低い大隊戦術群は、一部の部隊が「欠」となっている

7-15

戦車の市街地戦闘と対ゲリラ・コマンドゥ戦闘

市街地戦闘は、都市の郊外から中心部へ徐々に敵を包囲圧縮していくのが理想的だが、この際に戦車と歩兵がよく連携し、相互の弱点を補完しながら戦う（**写真7-12**）。なにしろ戦車や装甲車などは、ただでさえ視界が悪い。特に、建物が密集する市街地の中心部では、戦車の視界・射界はさらに制限され、車体が大きいので敵の格好な目標となる（**写真7-13**）。

戦車の装甲防護力は、正面に比し側面および後方が脆弱であり、上部はさらに弱い。市街戦を描いた戦争映画によくあるシーンだが、戦車はしばしば建物の屋上から射撃を受ける。このため街路の移動時は、戦車の死角を随伴歩兵にカバーさせるとともに、戦車を狙う敵兵を射撃させて、援護させつつ慎重に移動する必要があるのだ。

さて、ゲリコマとは、なにやら汚らしい語感だが、**ゲリラ・コマンドゥ**の略である。戦車の対ゲリコマ作戦は、野戦や市街地戦闘と同様に歩兵（普通科）部隊の盾となり、戦車固有の火力により支援を行う。対ゲリコマ作戦の手順を四文字熟語で表現すれば、次のとおりとなる。

警戒索敵→目標発見→接敵機動→交戦撃滅→残敵確認→残敵包囲→包囲圧縮→残敵掃討→戦果確認→任務達成→作戦終了

という一連の流れで行うのが基本だ。この際、歩兵は敵ゲリコマ部隊の対処に忙殺されて、ともすれば戦車の防護が手薄になりがちである。戦車の視界は限定されるので、敵ゲリコマ部隊の携帯対戦車火器により、容易に射撃されかねない。このため、**戦車と歩兵はよく連携し、相互に弱点を補完しつつ戦闘を行う**。特に、敵ゲリコマ部隊が存在する市街地を攻略するときは、部隊ごとに目標を分担して攻撃を行う（**写真7-14**）。

写真7-12　市街地戦闘における戦車。図は歩兵と連携して敵と交戦中の様子を描いたもの（図版：米陸軍作戦教範より）

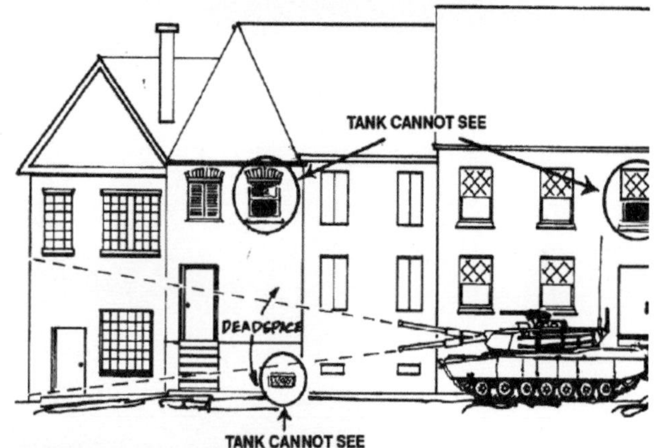

写真7-13　市街地戦闘における戦車の死角。図のように戦車砲の俯仰角にも制約がある
（図版：米陸軍作戦教範より）

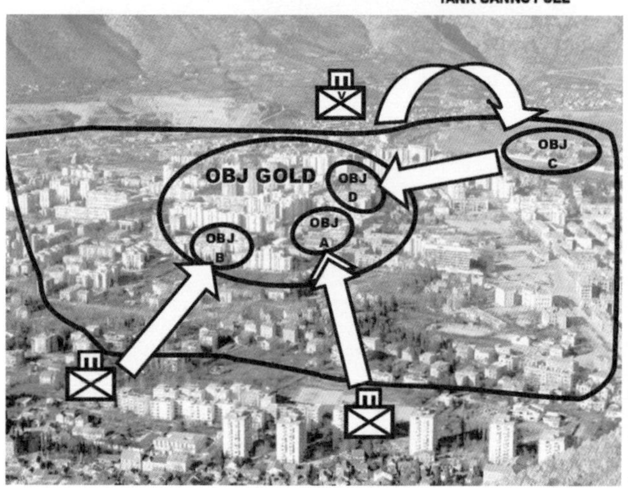

写真7-14　対ゲリラ・コマンドゥ戦闘における市街地攻略要領の一例。部隊ごとに目標を分担して攻撃を行う
（図版：米陸軍作戦教範より）

Tank of Frontline
～ウクライナ侵攻戦⑤～

ポーランド軍が装備する「レオパルト2PL戦車」。ポーランド向けの「レオパルト2A4戦車」を近代化改修したもの

イギリスから供与されたウクライナ軍の「チャレンジャー2戦車」。宿営地での撮影と思われるが、敵の脅威度は低いようで緊迫感はない

アメリカ海兵隊の「エイブラムスM1A1戦車」。1991年の湾岸戦争で活躍したが、その後、全廃が決定。ただウクライナへの「エイブラムスM1A2」の供与が遅れているため、改修したM1A1が先に送られることになった

第8章

戦車の兵站

戦車が最前線で敵と対峙し、第一線部隊の一員として戦うためには、継続的な兵站支援が欠かせない。なぜなら、燃料や弾薬がなくては戦えないからである。本章では、戦車の兵站に加え、教育訓練にまでスポットを当てる。

車検整備のため、78式戦車回収車のエンジン換装を行う（写真：陸上自衛隊）

8-1
燃料油脂の補給

第二次世界大戦当時、戦車の燃料は「ガソリン」が主流だった。その**燃費は、ドイツ軍の「Ⅳ号戦車ティーガーⅡ」が160m/L、米軍の「M-4シャーマン戦車」に至っては、たったの100m/L**である。

一方、現代の戦車はディーゼル・エンジンが主流だ。自衛隊の場合、燃料としては、防衛省規格（NDS）に定められた**「軽油2号」**を使う。10式戦車の燃費は340m/L、旧ソ連の「T-62戦車」なら400m/Lと言われている。

5-3項でも述べたが、ガスタービン・エンジン搭載の**米軍「M1戦車」は、燃料に「JP-8」を使う**。現代の戦車にしては燃費が悪く、260m/Lだ。

次は、戦車の燃料補給である。**補給の形態としては「給油所での補給」、「燃料タンク車からの補給」、「ドラム缶からの補給」がある**。しかし、戦車がガス欠寸前だからといって、燃料タンク車がすぐにきてくれる保証はない。そこで、ロータリー・ポンプを使用して給油を行う（**写真8-1、8-2**）。ロータリー・ポンプによる給油は、手動でハンドルを回すので、大変な重労働だ。

最後に油脂類だが、これは戦車に必要な各種の潤滑油や、作動油などのことである。**戦車の油脂類には、エンジン・オイルや変速機に用いるトランスミッション用オイル、油気圧懸架装置用作動油、軸受け用グリースなどがある。**

これらは、防衛省がメーカーに作らせた特別なものではなく、防衛省の要求仕様を満たしている市販品を採用し、**防衛省規格や陸上自衛隊仕様書に規定**している（**図8-1**）。

余談だが、マイカーの軽自動車に、誤って軽油を入れてしまう人がいるらしい。冗談のような話だが、クルマのエンジンや燃料の種類、各々の特性や違いをまったく知らないのだろう。

戦車豆知識

冷戦（れいせん）

第二次世界大戦後の米ソ間における、武力行使によらない対立構造。1991年のソ連崩壊で米ソ冷戦は終結したが、「代理戦争」と称した局地的紛争が起きている。

写真8-1　燃料タンク車（タンクローリー）から燃料補給中の英軍チャレンジャー２戦車。画像手前が車体の後部であり、砲身を後方へ指向しているのがわかる
（写真：イギリス国防省）

写真8-2　炎天下、ロータリー・ポンプを使用して、ドラム缶から戦車へ燃料補給を実施中の女性自衛官（新隊員）
（写真：陸上自衛隊）

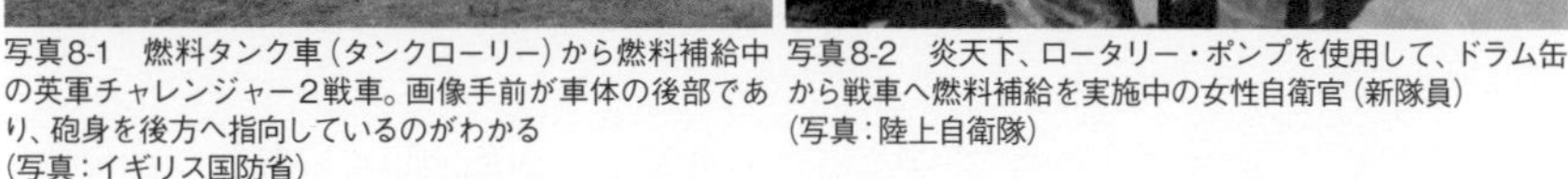

図8-1　戦車の油脂類

なお，防衛省のドラム缶に充填して納入する場合は，所要の修理及び完全な洗浄を行い，その外面は，**NDS Z 0001**による塗装を施すものとする。

4.2　外装

外装は，調達要領指定書によって指定する場合を除き，商慣習による。

4.3　表示

表示は，調達要領指定書によって指定する場合を除き，**NDS Z 0001**によるほか，ペール缶については，**図1**による。ただし，製造年月にかえて出荷検査年月を記載することができる。その場合，製造年月と表示せず出荷検査年月と表示するものとする。また，ドラム缶については，自衛隊の標識を“防衛省”に替えて表示するものとする。

なお，記載されている使用方法，取扱い及び保管上の注意事項などについては，日本語表記とし，国内の“消防法”及び“労働安全衛生法”に該当する場合は，その旨を明記するものとする。

品　　名[a]
物品番号
内 容 量
製造年月又は出荷検査年月　年　月[b]
納入年月　　年　　月
LOT　No.
製造者名又は納入者名[c]

注[a]　品名（製品の呼び方）を記入する。
[b]　製造年月又は出荷検査年月を記入する。
例1　製造年月　２０１８年０９月
[c]　製造者名又は納入者名を記入する。
例2　納入者　○○○○(株)

図 1－ペール缶の表示

4.4　納入単位

納入単位は，調達要領指定書によって指定する場合を除き，１５ ℃における容量（L）とする。

5　その他の指示

5.1　納入書類

5.1.1　添付書類

添付書類は，調達要領指定書によって指定する場合を除き，**表2**による。

陸上自衛隊仕様書「DSP K 2203G (1) および DSP K 2203 ディーゼル・エンジン油」から抜粋した1ページ。ペール缶で納品する際の表示を規定したもので、ほかにエンジン・オイルの等級分類や、粘度分類なども細かく規定されている。

8-2 弾薬の補給

対領空侵犯措置にあたる、アラート待機の空自戦闘機や、弾道ミサイル防衛に任ずる海自のイージス護衛艦、ペトリオット対空誘導弾を装備する空自高射部隊であれば、常に即応弾薬を装填しているものだ。

これに対して陸自の戦車は、平時において弾薬をフル装填していないから、防衛出動の直前になってから実弾が交付される。この弾薬を**「B/L（Basic Load＝初度交付弾薬）」**と言い、1両の戦車が携行する弾薬として定められた数量を表す。

弾薬および火工品（以下、弾薬などという）には、各種の戦車砲弾および機関銃弾・小銃弾（これらは「弾薬」）、発煙弾および信号拳銃用信号弾など（これらは「火工品」という）がある。

これらの弾薬などは、山奥にある大規模な弾薬庫（山をくり抜いた、トンネル状の地中式火薬庫）から駐屯地の弾薬庫へトラックのピストン輸送で運ぶ。次に、続々と到着するトラックから、各種弾薬を「卸下（降ろすこと）」しなくてはならない。トラックの荷台上には、木製または樹脂製パレットに載せた弾薬などがあるので、これをフォークリフトで降ろす（**写真8-3、8-4**）。

こうして一時集積された弾薬などだが、戦車砲弾が入った大量の木箱などを開梱する。**120mm徹甲弾は、全長約98㎝で約20kgと長くて重い**ので、1人で1発しか持てないが、これを何往復もして各々の戦車へ手作業で積む（**写真8-5**）。

体格がよいスウェーデン軍の女性兵士なら、成人女性の平均身長が168cm（2020年、欧州保健機関のデータによる）であるが、日本の成人女性は平均身長が158cmと10cmも低い。弾薬の運搬・搭載は男子隊員でも重労働だが、小柄な女性自衛官にとっては、より大変な作業と言えるのだ。

戦車豆知識

練度（れんど）

将兵個人および部隊組織としての熟練度のこと。練度の要素には、射撃や格闘などの戦闘技術、銃や装備品の操作および取り扱い、指揮・運用、作戦起案能力、作戦情報の分析、見積もり能力などがある。

写真8-3　即応予備自衛官時代に筆者が所属していた第302弾薬中隊（霞ヶ浦）における、弾薬の集積訓練風景（写真：陸上自衛隊）

写真8-4　フォークリフトを使用し、榴弾砲の弾薬をトラックに搭載中の様子。戦車の弾薬も同様に、トラックへ搭載される（写真：陸上自衛隊）

写真8-5　1発約20kgもある120mm徹甲弾の演習弾を運ぶ、スウェーデン軍女性兵士。彼女はレオパルト2戦車の装填手だ（写真：DoD Sweden）

8-3
部品および資器材の補給

当然だが、平時・戦時を問わず、戦車も故障することがあるし、損傷することもある。こうなると修理が必要だが、予備部品がなくては修理不可能だ。稼働中のほかの戦車から部品を外し、「共食い整備」を行うこともあるが、それは最後の手段である。

そこで通常は、補給専門部隊を通じて部品の補給を行う（**写真8-6**）。部品の補給方法としては、**「請求補給」**と**「推進補給」**の２種類がある。戦車部隊が補給部隊に対し、部品などの請求を行う場合、**必要数を請求するのが「請求補給」で、計画にもとづき補給部隊から交付されるのが「推進補給」**だ。

平たく言えば前者は、「部隊の所望する時期に、必要な数量だけ部品をくれ」ということである。これに対して後者は、「部隊の都合に関わらず、補給計画で定められた数量の部品だけを交付してやるぞ」ということなのだ。

たとえば、ある戦車連隊で特定の部品が不足したとき、最前線から何kmも後方に設けられた戦車大隊の**「段列（だんれつ）」**と呼ぶ兵站エリアへ行き、そこで部品を受領する。輸送専門部隊は多忙で車両も少ないので、みずから受領に行く。

ここに所望の部品が在庫していなければ、上級部隊である連隊が開設した段列へ行き、部品の交付を受ける。戦車連隊の段列にも欲しい部品がない場合は、

戦場の数十km後方に補給専門部隊がいるので、そこから補給を受ける。陸自の場合で言えば、後方支援連隊の補給隊がそうだ。

最前線で戦う部隊から往復するのに一昼夜かかる場所には、**前方支援地域（FSA）**と呼ぶ大規模な兵站施設があり、砲身やエンジン（パワーパック）などの大物部品もある（**写真8-7**）。補給処のような恒久施設はなく、半地下式の塹壕や大型天幕の倉庫ではあるが、たいていの部品がそろうのだ。

写真8-6　関東補給処火器車両部において、部品を請求した部隊へ発送準備中の女性防衛技官。戦車も、交換部品がなくては動かせない（写真：陸上自衛隊）

写真8-7　土浦駐屯地創立記念行事において、野外における74式戦車の戦車砲換装を展示中のシーン。整備専門部隊は、こうした砲身の交換やエンジン（パワーパック）換装も、野外で（夜間でも）実施できなくてはならない（写真：陸上自衛隊）

8-4 糧食および飲料水の補給

古来より「腹が減っては戦(いくさ)ができぬ」と言われるように、戦車だけでなく人間にも補給が必要だ。糧食および飲料水などの補給は、駐屯地と野外では大きく異なっている。**自衛官や防衛事務官および技官を総称して「自衛隊員」と呼ぶ**が、このうち事務官や技官が野外で食事することはまずない。すべての自衛隊員は、陸自なら駐屯地、海自や空自なら基地の隊員食堂で「温食（温かいメシ）」にありつける。

しかし、陸上自衛官は、管理野営と呼ぶ訓練と休憩を明確に区切った訓練ならともかく、実戦さながらの「連続状況下の野営」では、そうもいかない。連続状況下とは、演習のシナリオにもとづいて、昼夜の別なく敵の作戦行動を模擬した「状況」が付与される。その状況は、敵の航空攻撃だったり、化学攻撃だったり、敵に協力する工作員やゲリラなどの遊撃活動だったりで、食事も仮眠もままならないことがある。

陸自には、**「野外炊具1号、改」**という牽引式の野外キッチンがあり、中隊などの末端部隊にも装備されている。その後方に「段列」という兵站エリアを開設し、ここで炊事した温食を運搬して喫食できる（**写真8-8**）。しかし、現代戦は戦場の後方と言えども安全とはかぎらないので、**外国軍も毎食がレトルトや缶詰の戦闘糧食**、ということが多い（**写真8-9、8-10**）。

飲料水の補給は、中隊レベルの末端部隊に「1t水トレーラー」が装備されている。これを炊事に用いたり、各人の水筒に入れたりして行う。もちろん、この水が尽きたら、段列へ補給にいかなくてはならない。だが、段列から少し離れた川などの水源から「浄水セット」という器材を利用して、十分な量の水が確保されているので、作戦行動に支障はないだろう。

写真8-8　野外における炊事所の一例。最前線で作戦行動を行う第一線部隊の後方には、大隊または連隊などの段列があり、炊事所も設けられる
（写真：かのよしのり）

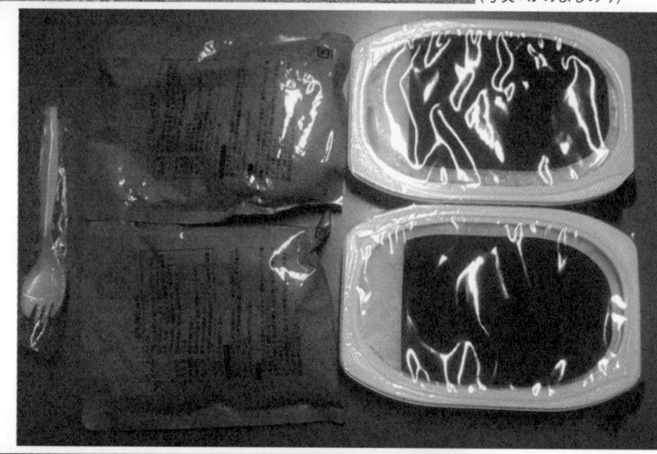

写真8-9　戦闘糧食Ⅱ型の内容品。主食はトレイ式のご飯、副食つまりオカズはレトルト食品である。最前線の部隊で日常的に喫食する戦場メシだ
（写真：あかぎひろゆき）

写真8-10　戦闘糧食Ⅱ型の例。このメニューは、「かも肉じゃが」である。日本のレトルト食品は味も世界の一級品だが、毎日レトルトでは飽きるだろう
（写真：あかぎひろゆき）

8-5

操縦および射撃訓練

自衛隊にかぎらず、各国の軍隊では平素から訓練に余念がない。平時の訓練で流した汗の量と、戦場で流す血の量は反比例する、とは昔からよく言われることである。「2022年のロシアによるウクライナ侵攻」では、ロシア軍兵士は士気ばかりか練度も低く、操縦ミスで戦闘機は墜落し、戦車も衝突・横転事故が起きている。

こうした事故を非・戦闘損耗と呼ぶが、練度の低さに原因があるのは間違いないだろう。ロシア軍戦車に関する戦場での各種映像を見ると、陸自航空科出身の筆者でも、戦車兵の練度が低いことは容易に想像できる。おそらく、各国の軍事関係者は、ロシア軍の戦場における失敗映像などを反面教師として、訓練に活用している筈である。

さて、**戦車部隊では、練度の維持向上を目的として、定期・不定期に操縦訓練や射撃訓練を行っている**（**写真8-11**）。もちろん実車両を操縦したり、戦車砲で実弾を撃ったりするほうがよいに決まっている。しかし、予算に恵まれた米軍の戦車兵ですら、**シミュレータ**を使用したり（**写真8-12**）、「World Tanks」という戦車のオンラインゲームをプレイ（もちろん、遊びではなく訓練だ）したりする。

現代では、VR（バーチャル・リアリティ）技術の発達により、各種の訓練用シミュレータを使用する機会も多い（**写真8-13**）。こうしたシミュレータでは、立体感ある3DCGがスクリーンに表示され、エンジン音や戦車砲の撃発音までリアルに再現されている。

このため、**実車両を使用した訓練と、シミュレータによる訓練をバランスよく実施**して、訓練の効率化およびコスト低減を図る必要があるだろう。

戦車豆知識

ロケット弾発射筒（ろけっとだんはっしゃとう）

兵士個人が携行可能な、筒状のロケット弾発射機。俗称のバズーカが有名だが、あくまでロケット弾発射筒なので、バズーカ「砲」は誤り。

写真8-11　第12普通科連隊のAPC（装甲人員輸送車）による操縦訓練風景。戦車でも同様に、車体両側にポールを立てた狭所通過訓練を行う
（写真：陸上自衛隊）

写真8-12　戦車シミュレータを使用して、訓練を行う兵士。自衛隊や他国軍も、類似の訓練機材をもつ
（写真：米陸軍）

写真8-13　第71戦車連隊の戦車シミュレータの概要について説明を受ける、研修中の幹部自衛官たち（写真：陸上自衛隊）

8-6 整備訓練

たとえ敵と交戦して損傷しなくとも、戦車も工業製品であるから、当然だが使用中に故障が発生する。そして、使用すれば汚れもするし、**洗車などの手入れや日常的な点検も必要**だ（**写真8-14**）。また、戦闘損耗により撃破されなくても、損傷部分があれば整備しなくてはならない。そこで、整備員の出番となる。

かつては、陸自の戦車部隊に整備班が存在し、部隊が自前で整備を行っていた。現在では、組織改編により**「戦車直接支援隊（TKDS=Tank Direct Support）」**が戦車整備を行うようになった。

戦車には固有の車載工具があるので、乗員でも簡単な点検整備や、戦車砲の閉鎖機を分解・結合して手入れする程度はできる。しかし、砲身やエンジン（パワーパック）などの交換・換装など、大きな部品を扱う整備は難しい。こうした乗員の手にあまる整備は、DSの整備員が行う。

DSの整備員は、**「部隊整備工具セット」**を用いて戦車の整備を行うが、これは整備専門部隊が保有しているものだ。特殊工具はあるし、車載工具よりも点数・種類ともにはるかに多いが、KTCやKo-Ken（コーケン）といったブランドの市販品を調達し、セット組みしている（**写真8-15**）。

では、DSの整備員でも手に負えないような故障や、より高段階の整備を行うときは、どこが戦車の面倒を見るのだろうか。陸上自衛隊を例とすれば、補給整備規則で整備の段階区分が定められており、DSや後方支援連隊などの武器隊よりも上位段階に位置するのが**「補給処（Depot=デポ）」**である。

補給処という名称からすれば、部品補給が専門と思う人もいるだろう。しかし、補給処では高段階整備も行っており、パワーパックのオーバーホールも可能だ（**写真8-16**）。それ以上の整備は、メーカー（三菱重工など）が行うのだ。

写真8-14　戦車の洗車。ほぼすべての駐屯地および分屯地には、こうした洗車場が存在し、高圧洗浄機で泥などの汚れを落とすことができる（写真：陸上自衛隊）

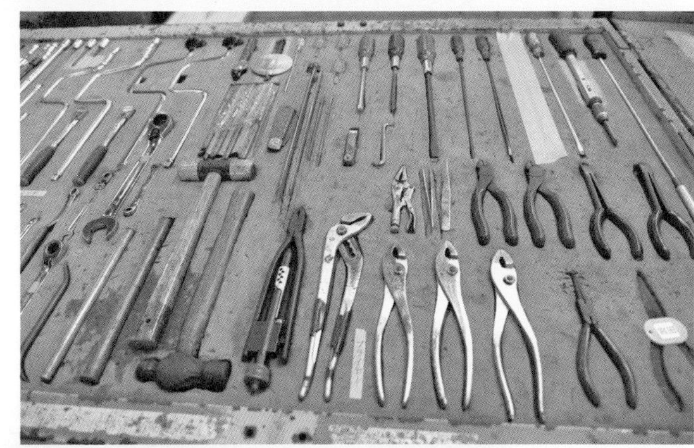

写真8-15　部隊整備工具セット一式。写真はヘリコプターを装備する航空科用のものだが、戦車用としても類似の工具セットが存在する（写真：陸上自衛隊）

写真8-16　関東補給処火器車両部における、10式戦車のパワーパック整備風景。戦車直接支援隊よりも高度な高段階整備を行うことができる（写真：陸上自衛隊）

COLUMN

音も光も電波もだすな！
戦車に要求されるステルス性とは？

「ステルス」と聞いて、読者諸氏が真っ先に思い浮かぶのは、戦闘機だろう。しかし、今どきは海軍の艦艇もステルス設計を取り入れている。もちろん、戦車などの装甲戦闘車両も、ステルスとは無縁でいられない。そもそもステルス（英語で「stealth」）とは、「隠密」とか「こっそり行う」といった意味をもつ。

現代戦は、音も光も電波も極力ださないことが、トレンドとなってきている。まず音だが、静粛性を低減するには、モーターで電気駆動すればよい。だが、戦車は重すぎるので、電動化は難しい。

戦車も「ディーゼル・ハイブリッド」や「ホイールイン・モーター駆動」が研究されている。後者は、軽量なタイヤ式の装輪装甲車なら、日本でも試作されている（**コラム8-1**）。しかし、戦闘車両の電動化で一番の問題は、バッテリーの補給だ。カートリッジ式で即交換できないと、とても実用できない。

「光をださない」とは、可視光線を極力反射しないという意味だ。光学式

想定する軽量戦闘車両システムの仕様 性能

火砲型		耐爆型
15t	全備質量	15t
C-130：1両、C-2：2両	空輸性	C-130：1両、C-2：2両
直接 間接照準射撃可能	火力	-
-	耐爆性	大型地雷相当
インホイールモータ	駆動方式	インホイールモータ
4名	乗車人員	10名

4

コラム8-1　EV装甲車のイメージ図。日本でも戦闘車両の電動化が研究中だが、戦車に応用できるのはまだ先だ（図版：防衛装備庁）

の潜望鏡（ペリスコープ）や直接照準眼鏡、暗視機能つきカメラなどのレンズは、光を反射してしまう。だが、レンズなどまで網や草木で偽装すると、照準ができない。そこで現在ではSFのような「光学迷彩」も研究されている（**コラム8-2**）。

「電波を極力ださない」方法としては、電波の使用統制を徹底するしかないが、無線やネットワーク通信を傍受されにくくする技術が研究されている。

車体形状とステルス性だが、ポーランド軍が英国企業BAEシステムズの支援を受けて試作した、「PL-01戦車」が参考になるだろう（**コラム8-3**）。過去には、フランスがステルス形状の車体と砲塔をもつ戦車を試作したが、本格的なものとはとても呼べなかった。これに対して「PL-01戦車」は、戦車砲の砲身が菱形をしている程の徹底ぶりだ。

コラム8-2　英国BAEシステムズ社が研究中の光学迷彩を施した、ウォーリア装甲戦闘車（写真：英国防省）

コラム8-3　ポーランド軍が試作したPL - 01ステルス戦車。レーダー反射の低減を狙った車体デザインが特徴的である（写真：ポーランド国防省）

索引

INDEX

さ行

た行

な行

は行

ま行

や行

ら行

索引

主要参考文献（順不同）

米陸軍野戦教範 FM3-20.15 Tank Platoon』 米国防総省
『米陸軍技術教範 TM9-759 TANK,MEDIUM,M4A3』 米国防総省
『機甲戦：用兵思想と系譜』 葛原和三 著 作品社（2021）
『戦車の戦う技術』 木元寛明 著 SBクリエイティブ（2016）
『タンクテクノロジー 戦車技術』 林 磐男 著 技術教育研究会（1992）
『防衛技術ジャーナル（各号）』 防衛技術協会
『現代戦争史概説（上・下巻）』 陸戦学会
『戦闘戦史（前・後編）』 陸上自衛隊富士学校修親会
『初級戦術の要諦』 陸戦学会
『陸戦研究（各号）』 陸戦学会
『各国陸軍の教範を読む』 田村尚也 著 イカロス出版（2015）

※その他、ウクライナ・ゼレンスキー大統領Facebookやウクライナ国防省のWeb、多数の市販図書、各Webサイトを参考とさせていただきました

あかぎ ひろゆき

昭和60年、陸上自衛隊第5普通科連隊に入隊。新隊員前期教育課程を受ける。東北方面航空隊にて新隊員後期教育課程、その後、東北方面飛行隊に配属。以後、武器補給処航空部、補給統制本部航空部、関東補給処航空部に勤務、平成15年に腰痛のため、2等陸曹で依願退職。第31普通科連隊、東部方面後方支援隊第302弾薬中隊の即応予備自衛官としても勤務しつつ、執筆活動を行う。現在は、即応予備自衛官を定年となり、ただの予備自衛官。著書は『陸上自衛隊戦車戦術マニュアル』『幻の日本陸軍中戦車　チト＋チヌ/チリマニアックス』（秀和システム）、『戦車男（マン）』（光人社）など、電子版・共著含め多数。

監修者

かの よしのり

1950年生まれ。自衛隊霞ヶ浦航空学校出身。北部方面隊勤務後、武器補給処技術課研究班勤務。2004年定年退官。著書は『鉄砲撃って100！』『スナイパー入門』（光人社）、『銃の科学』『狙撃の科学』『重火器の科学』『拳銃の科学』『ミサイルの科学』（SBクリエイティブ）、『自衛隊89式小銃』（並木書房）、『自衛隊vs中国軍』（宝島社）など多数。

●イラスト：箭内裕士

図解入門
最新 戦車がよ〜くわかる本

発行日　2023年 8月10日　第1版第1刷

著　者　あかぎ ひろゆき
監　修　かの よしのり

発行者　斉藤　和邦
発行所　株式会社　秀和システム
〒135-0016
東京都江東区東陽2-4-2　新宮ビル2F
Tel 03-6264-3105（販売）Fax 03-6264-3094
印刷所　三松堂印刷株式会社　Printed in Japan

ISBN978-4-7980-7024-7 C0031